中国北方茶树
栽培与茶叶加工

——兼纪山东南茶北引

虞富莲　薄子宝　编著

中国农业出版社
北京

图书在版编目（CIP）数据

中国北方茶树栽培与茶叶加工：兼纪山东南茶北引 /
虞富莲，薄子宝编著. —北京：中国农业出版社，
2021.7
ISBN 978-7-109-27763-2

Ⅰ.①中⋯　Ⅱ.①虞⋯②薄⋯　Ⅲ.①茶树－栽培技
术②制茶工艺　Ⅳ.①S571.1②TS272.4

中国版本图书馆CIP数据核字（2021）第023463号

中国北方茶树栽培与茶叶加工

ZHONGGUO BEIFANG CHASHU ZAIPEI YU CHAYE JIAGONG

中国农业出版社出版
地址：北京市朝阳区麦子店街18号楼
邮编：100125
特约专家：穆祥桐
责任编辑：姚　佳
责任设计：杜　然　　责任校对：刘丽香
印刷：北京通州皇家印刷厂
版次：2021年7月第1版
印次：2021年7月北京第1次印刷
发行：新华书店北京发行所
开本：700mm×1000mm　1/16
印张：16.25
字数：293千字
定价：98.00元

提 要
Abstract

　　本书针对我国北方气候寒冷干旱，土壤偏碱或弱酸，自然条件不同于南方的特点，根据山东"南茶北引"经验，汲取现代科学技术，系统地阐述了中国北方茶树栽培和茶叶加工技术。尤其是对如何规避不利的自然条件和冻害的预防对策，以及灾害补救措施作了详细介绍。配有图片110多帧，是一部融资料性、理论性和实用性于一体，图文并茂的科普著作，适合于茶企、茶农、茶叶科技人员、茶文化工作者以及大专院校师生等阅读参考。

序

Preface

　　山东早年不产茶，但是茶叶消费大省，喝茶嗜茶之风在全国各省区市中最为盛行。在茶叶紧缺年代，沂蒙山区老人喝不上茶，要到医院开处方才能购买。我曾亲眼看见蒙阴垛庄叶家沟老农将冻枯的茶树叶煨了泡水喝，足见茶叶在山东人民生活中的重要性。为了缓解供需矛盾，在山东省政府的领导下，20世纪50年代选择自然条件较好的东南沿海青岛、日照等地进行了试种，在初步成功的基础上，逐步扩大到全省5个地（市）20多个县进行种植，形成了一场规模较大的群众性"南茶北引"活动。经过多年艰苦奋斗，不懈努力，终于使南方茶树在齐鲁大地上扎下了根，山东一跃成为全国产茶省之一。2019年有茶园2.37万公顷，产量2.66万吨，面积超过了海南和甘肃，产量不仅超过了海南、甘肃，还高于江苏。

　　茶树是喜温喜湿喜酸的植物，山东的气候土壤条件与茶树的生长习性差距很大。为此，山东的领导和群众与科技人员相结合，做了卓有成效的工作，他们边实践边摸索，不仅克服了不利的自然条件，还开创了许多具有北方特色的栽培技术，尤其在抗旱防冻方面更有独到之处，使茶树不仅能在山东生长，而且还具有经济栽培价值。

　　当初，山东省商业厅本着"发展生产，保障供给"的方针，承担具体试种任务，为此成立了种茶组，负责计划实施、组织协调、资金扶持、物资调运、检查交流、技术培训等工作。我是省种茶组成员之一，亲历亲为"南茶北引"，深感没有领导的坚定决心，没有群众的艰辛付出，没有科技人员的积极参与，山东种茶是很难在短时间内获得成功的。

我与作者虞富莲研究员是同侪同行好友，"南茶北引"期间一起迎着朔风奔地头，啃着煎饼睡炕头，足迹遍布沂蒙山区、黄海之滨、胶东半岛，驻点试验观察冻害发生规律和防冻措施。经过多年调查研究，总结出了一套山东本土栽培加工技术，至今仍在生产上应用。薄子宝先生是山东"南茶北引"的第一代本土技术员，经过几十年的实践，在种管采制方面有着丰富的经验。两位专家可谓是相辅相成，珠联璧合。

1979年初，我到农业部任职后，依旧有着山东种茶的情怀，难忘"南茶北引"的日日夜夜。由于冻害问题未能从根本上解决，山东茶叶生产的道路是曲折的，但总的是朝着健康方向发展的，为此我感到十分欣慰。

山东种茶还带动了北京、河北、山西、辽宁、内蒙古等更北的地方种茶，虽然还是试种阶段，今后未必都能成为产业，但能让更多的北方人认识茶树、爱上茶叶、喜欢喝茶也是有着积极影响的。

时光荏苒，四十多年过去了，我们都已是耄耋老人。作者在有生之年写这本书的初衷，是不忍将"南茶北引"的往事湮没在历史的风尘之中，甚而被曲解，被一笔带过，而是让这造福后代的千秋伟业铭记史册；也不是将"南茶北引"作简单的记叙，而是将山东种茶的关键技术再融入现代科技成果进行打造，使这本书具有新颖性、针对性、实用性，这不论对山东茶叶生产的持续发展还是北方地区的"南茶北种"都有着积极的意义。

作者心愿，定能事成。

谨此拙文为序。

原农业部种植业管理司副巡视员　黄继仁

2020年6月26日

前 言

Foreword

　　茶树是亚热带作物，适合在南方山区栽培。20世纪50年代后期，山东省为解决茶叶供需矛盾，在自然条件较好的东南沿海青岛、日照等地试种，在初步成功的基础上，进行了一场较大规模的群众性"南茶北引"活动。历经岁月，不畏艰辛，使原本不产一片茶的山东一跃成为全国产茶省之一。"南茶北引"可谓是造福后代的千秋伟业，具有里程碑意义。

　　茶叶是中国的"国饮"，也是山区群众致富的重要经济作物之一。山东种茶的成功不仅满足了当地对"浓厚煞口"茶的需求，更重要的是丰富了农村产业，增加了农民收入，具有显著的经济效益和社会效益。山东种茶还产生了橱窗效应，北京、河北、山西、内蒙古、辽宁等地也相继进行了试种或扩种，使中国茶树栽培范围突破了秦岭淮河一线，向北推进了七八个纬度，这不仅扩大了种茶区域，在学术上也丰富了木本植物引种驯化理论和茶树栽培学知识。

　　本书是为了满足山东茶叶生产持续发展和北方试种茶树的需要编写的，特点有：

　　1.以山东种茶的乡土资料为基础，汲取现代先进技术和科研成果，使本书具有新颖性、理论性和实用性。

　　2.内容全面系统。尤其是根据北方气候寒冷干旱、土壤偏碱的不利条件，在园地选择、土壤改良、品种选用、茶园管理等方面都紧紧环绕防冻抗旱关键节点作阐述，具有很强的针对性和可操作性，不失为一部学以致用的北方种茶工具书。

3.章节符合学科循序特点；参数翔实，便于参照应用；图文穿插，富有视觉效果；文字精当，通俗易懂。图片中穿插了部分黑白照片，虽与彩色图不相协调，但它是立体的载体，记录了"南茶北引"一幕幕值得铭记的瞬间。

1972—1978年，本书作者虞富莲参加了"南茶北引"，创制出山东第一只名茶"雪青"，是"南茶北引"的实践者与见证者，掌有珍贵的第一手资料。薄子宝是山东"南茶北引"的第一代乡土技术员，经过几十年的摸爬滚打，在种管采制方面有着丰富的经验。尤其是20世纪90年代成功开创了海岸近滩种茶，建立了海岸绿茶种植示范基地。

多年夙愿，终告完成，还得益于同仁、友人之相助。原农业部种植业管理司黄继仁副巡视员，70年代是山东省种茶组成员之一，也是"南茶北引"的亲力亲为者，他饱含深情地为本书作了序；中国农业科学院茶叶研究所权启爱研究员、石元值研究员、浙江省农业农村厅罗列万研究员、杭州市农业科学院茶叶研究所郑旭霞高级农艺师、云南省农业科学院茶叶研究所汪云刚研究员，山东日照御海湾茶业公司、润盛茶业公司、百满茶业公司、青岛万里江茶业公司等提供了资料或照片。在此一并致谢！

现在是科技创新时代，限于时间，囿于水平，尚有许多新技术、新成果未予汲取，只能待再版时修订。"南茶北引"已过去半个多世纪，书中记叙难免有错漏，请读者不吝匡正。

编著者 虞富莲 薄子宝

2020年6月2日

名词术语释义

为便于对书中名词术语的理解和应用，作以下释义。

1. 茶树特性 茶树是生长在亚热带的常绿阔叶木本植物。白色花，蒴果，顽拗型种子（种子成熟后很快就失去生命力）。雌雄同花，自花不孕。花果同现（图 1），"抱子怀胎"。体细胞染色体 2n=30。

图 1 花果同现

2. 茶树学名 又称种名。国际通用的物种学名采用林奈的植物"双命名法"，即每个植物的学名由两个斜体拉丁词组成，第一个是属名（Genus），第二个是种名，种名后面附定名人的英文名，用正体。属名第一个字母大写，如灌木中小叶种栽培茶树多属于"茶种"，学名用 *Camellia sinensis* (L.) O.Kuntze 表示，*Camellia* 表示山茶属（亦可缩写成"*C.*"），种名 *sinensis* 全称字母小写，O.Ktze 是定名人，第一个字母大写。再如南方小乔木大叶种栽培茶树多为阿萨姆种（中文名称普洱茶种），学名用 *Camellia sinensis* var. *assamica* 表示。

3. 品种 具有一定的经济价值，主要遗传性状比较一致的群体。一个品种不管繁殖方式如何，应具有和其他品种可以互相区别的特性，并保持生产上可以利用的特异性、一致性和稳定性。它是一种农业生产资料。如黄山种、鸠坑种等。

4. 有性系品种 简称有性系，世代用有性繁殖方法（种子）繁殖的品种，亦称群体种，多数地方品种概属于此。同品种植株间性状虽有差异，但一般都有主体特征，如小乔木型的云南勐库大叶种、灌木型的杭州龙井种等。有性系品种特点是，主根发达，吸水吸肥力强，抗冻、抗旱性较强，由于个体间性状差异较大，成品茶外形条索（锋苗）不够整齐，色泽较花杂，但香气、滋味比较浓，醇厚度高，耐冲泡。

5. 无性系品种 简称无性系，世代用无性方式（扦插、压条等）繁殖的品种，植株间性状相对一致，必须用无性繁殖法才能保持遗传稳定性，如福鼎大白茶、鲁茶 1 号等。无性系品种特点是个体间性状相对一致，但没有主根，抗冻、抗旱性较弱。成品茶外形整齐划一，色泽一致，但有的品种香气略显单薄，滋味醇厚度不够，不耐冲泡。无性系品种茶外观商品性好，易被消费者选择。由于芽叶生长速度整齐一致，也有利于机械采茶。

6. 树型 茶树在自然生长状态下的树型有 3 种。

乔木型：从基部到冠部有主干。

小（半）乔木型：中下部有主干，中上部无明显主干。

灌木型：植株根颈处分枝，无明显主干。

7. 树姿 指全树枝条的披张程度。

直立：分枝角度 < 30°。

半开张：30°≤分枝角度 < 50°。

开张（披张）：分枝角度≥50°。

8. 分枝密度 树冠中上部的分枝状况，分密、中、稀。

9. 叶片大小 测量枝条中部生长正常的叶片，按叶长 × 叶宽 ×0.7 ＝叶面积划分。

特大叶：叶面积≥ 60 厘米^2。

大叶：40 厘米^2≤叶面积 < 60 厘米^2。

中：20 厘米^2≤叶面积 < 40 厘米^2。

小叶：叶面积 < 20 厘米 ^{2}。

10. 叶形　观测枝条中部生长正常的叶片，由叶长与叶宽之比确定。

近圆形：长宽比 ≤ 2.0，最宽处近叶片中部（图 2）。

图 2　近圆形叶片（叶尖圆尖）

卵圆形：长宽比 ≤ 2.0，最宽处近叶片基部。

椭圆形：2.0 < 长宽比 ≤ 2.5，最宽处近叶片中部（图 3）。

图 3　椭圆形叶片

矩圆形：2.0 < 长宽比 ≤ 2.5，最宽处不明显，全叶近似长方形（图 4）。

图 4　矩圆形叶片

长椭圆形：2.5 ＜长宽比≤ 3.0，最宽处近叶片中部。

披针形：长宽比 ＞ 3.0，最宽处近叶片中部。

11. 叶身 叶片两侧与主脉相对夹角状况或全叶的状态,分内折、稍内折、平展、背卷。

12. 叶面 叶面的隆起程度,分平、稍隆起、隆起、强隆起。

13. 叶尖 叶片端部形态,分尾尖、急（骤）尖、渐尖、钝尖、圆尖（图 5）。

图 5　叶尖尾尖

14. 叶脉对数 叶片主脉两侧的主侧脉对数,多在 8 ～ 10 对。

15. 叶齿 叶缘锯齿的状况,锐度分锐、中、钝;密度分密、中、稀;深度分浅、中、深。重锯齿是指大小齿相间。

16. 叶质 感官叶片的柔软程度,分软、中、硬（革质）。

17. 一芽一叶新梢 包括蒂头、鳞片、鱼叶、一芽一叶（图 6）。

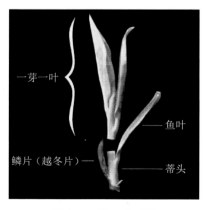

图 6　一芽一叶新梢

18. 茶叶生物化学

（1）茶多酚　亦称茶鞣酸、茶单宁，约占茶叶干物质的 8%～25%（>25% 为高多酚含量），其中最重要的是以儿茶素为主体的黄烷醇类，占茶多酚的 50%～70%，占茶叶干物质的 16%～23%（>18% 为高儿茶素含量）。它对成品茶色、香、味的形成起着重要作用。本书的茶多酚含量均是 GB/T 8313—2008 的标准含量。

（2）儿茶素　亦称儿茶酸，易溶于水和含水乙醇，分酯型和非酯型两类。酯型有（—）- 表没食子儿茶素没食子酸酯［（—）-EGCG］、（—）- 表儿茶素没食子酸酯［（—）-ECG］；非酯型有 (—)- 表儿茶素［（—）-EC］、（—）- 表没食子儿茶素［（—）-EGC］、（±）- 儿茶素［（±）-C］、（±）没食子儿茶素［（±）GC］。茶树新梢是形成儿茶素的主要部位，它存在于叶细胞的液泡中。酯型儿茶素具有较强的苦涩味和收敛性，是赋予茶叶色、香、味的重要物质基础。EGCG、EGC 和 ECG 含量高，对制优质红茶有利。

儿茶素在红茶发酵过程中先后生成氧化聚合物茶黄素、茶红素和茶褐素等物质。

① 茶黄素：儿茶素在红茶发酵过程中生成的氧化聚合物之一。红茶中含量为 0.3%～1.5%，用大叶种或幼嫩叶加工的红茶比中小叶种或较老叶加工的红茶含量高。茶黄素水溶液呈鲜明的橙黄色，具有较强的刺激性，是红茶色泽和滋味的核心成分之一，它的含量高低决定着红茶汤色的亮度和金圈的厚薄以及滋味的鲜爽度。

② 茶红素：儿茶素在红茶发酵过程中生成的氧化聚合物之一。红茶中含量一般为 5%～27%，呈棕红色。轻萎凋和快速揉捻（切）可获得较高含量的茶红素。它是红茶汤色红艳、滋味甜醇的主要成分，有较强的收敛性。

③ 茶褐素：儿茶素在红茶发酵过程中生成的氧化聚合物之一。红茶中含量一般为 4%～9%，由茶黄素和茶红素进一步氧化聚合而成，呈深褐色，是红茶汤色发暗和滋味淡薄、无收敛性的重要因素。红茶加工时，重萎凋、长时间高温缺氧发酵是茶褐素生成的主要原因。

（3）氨基酸　茶叶中以游离状态存在的"游离氨基酸"有甘氨酸、苯丙氨酸、精氨酸、缬（xie）氨酸、亮氨酸、丝氨酸、脯氨酸、天冬氨酸、赖氨酸、谷氨酸等 26 种，约占干物质的 2%～4%，是茶汤鲜味的主要呈味物质，其中，精氨酸、苯丙氨酸、缬氨酸、亮氨酸及异亮氨酸等都可转变为香气物质或作为香气的前体。

① 茶氨酸：由根部生成的非蛋白质氨基酸，约占氨基酸总量的 50% 左右，占干物质的 1%～3%。呈甜鲜味，能缓解茶的苦涩味，对绿茶品质具有重要影响，也是红茶品质评价的重要因子。因它是茶叶的特征性化学物质，故也是鉴别茶组植物的生化指标之一。

② 苯丙氨酸：在茶叶加工过程中可转化为芳环香气组分，增加香气。

③ 丝氨酸：有甜感，微酸，茶叶中含量为 0.06% 左右。在加工过程中与糖反应形成香气物质。

④ 天冬氨酸：占茶叶氨基酸总量的 4%。有鲜酸味。

⑤ 赖氨酸：约占茶叶干物质的 0.03% 左右。是茶叶重要的营养品质指标。

⑥ 谷氨酸：占茶叶氨基酸总量的 9% 左右。能提高茶汤的鲜醇度。

（4）蛋白质　茶叶中主要蛋白质种类有白蛋白、球蛋白、谷蛋白等。幼嫩芽叶中蛋白质含量约占茶叶干物质的 25% 左右，一般中小叶茶高于大叶茶，春茶高于夏秋茶。但只有占蛋白质总量 2% 左右的水溶性蛋白才溶于水，它既可增进茶汤的滋味和营养价值，又能保持茶汤的清亮度和茶汤胶体液的稳定性。温度、湿度、光照强度等会影响芽叶中蛋白质的形成。湿润多雨，弱光照可使蛋白质含量提高，这是"高山出好茶"的原因之一。

（5）咖啡碱　亦称咖啡因，易溶于水和有机溶剂，一般占茶叶干物质的 2%～5%，细嫩芽叶高于老叶，夏秋茶略高于春茶，也是重要的滋味物质。咖啡碱是一种中枢神经兴奋剂，具有提神作用。咖啡碱可降解为可可碱和茶碱。

（6）香气物质　挥发性物资的总称，主要是醇类化合物。

①芳樟醇：又称沉香醇，是茶叶中含量较高的香气物质之一。具有铃兰香气，在新梢中芽的含量最高，从一叶、二叶、三叶到茎依次递减。一般大叶茶含量高于中小叶茶，春茶又高于夏秋茶。在红茶制作的揉捻、发酵、干燥过程中含量呈低、高、低的变化。

② 香叶醇：亦称牻（máng）牛儿醇。具有玫瑰香气。新梢各部位和春夏茶含量与芳樟醇相似，只是大叶茶含量较低，中小叶茶含量较高。安徽祁门种含量高出其他中小叶品种几十倍，因此使"祁红"具有明显的玫瑰香气特征。

③ 橙花叔醇：具有木香、花香和水果百合韵，是乌龙茶及花香型名优绿茶的主要香气成分，亦是绿茶中最具有抗菌力的成分。乌龙茶在制作过程中含量会显著增加。

④ 2- 苯乙醇：亦称 β - 苯乙醇。芳环醇类。亦具有玫瑰香气，不同叶位的含量由芽、一叶、二叶、三叶依次递减。经 β - 葡糖苷酶水解后，鲜叶中含量明显增加。

⑤ 顺 -3- 己烯醛：亦称青叶醛。是茶叶的挥发性成分，具有青草气，当浓度低于 0.1% 时呈新鲜水果香，故茶叶在制作过程中鲜叶必须先经过摊放，以降低青叶醛含量，减少青草气。芳樟醇与顺 -3- 己烯醛的比值可用来判断红茶香气品质的优劣。

（7）茶叶维生素　分水溶性和脂溶性两类。茶叶中水溶性的有维生素 C、B 族维生素、维生素 P、肌醇、维生素 U。它们的分子量较小，但与茶树的物质代谢、营养及药用价值有着重要关系。脂溶性的有维生素 A、维生素 D、维生素 E、维生素 K，它们同样对茶树某些代谢起调节作用。

① 维生素 C：亦称抗坏血酸。茶鲜叶中含量较多。在加工过程中虽会有所损失，但由于茶叶内含有较多的生物类黄酮物质，故成品茶含量仍较高，绿茶中含量约 2.5 毫克 / 克，红茶约 0.60 毫克 / 克。能防治维生素 C 缺乏病。

② 维生素 B_1：亦称硫胺素。茶叶中含量比蔬菜还高，成品茶中含量约占干物质的 0.015% ～ 0.06%。能维持人体神经、心脏和消化系统的正常功能。

③ 维生素 B_2：亦称核黄素。茶叶中的核黄素主要与蛋白质结合成为黄素蛋白，在茶叶中含量约为 0.012 ～ 0.017 毫克 / 克，以芽叶中最多。

④ 维生素 E：亦称生育酚。茶叶中的含量高于蔬菜和水果，约为 300 ～ 800 毫克 / 千克，绿茶含量又高于红茶。它是一种极好的抗氧化剂，可以阻止人体中脂质的过氧化过程，故具有抗衰老作用。

（8）水浸出物　指茶叶中一切可溶入茶汤的可溶性物质，包括茶多酚、氨基酸、咖啡碱、芳香物质、色素、有机酸、可溶性糖、维生素等，含量一般在 35% ～ 45%。

19. 活动积温　一年中 ≥ 10℃ 持续期内的日平均气温的总和，它是一个地方对植物可提供多少热量的衡量指标。茶树一般要求活动积温在 4 000℃ 以上。

目 录
Contents

提要

序

前言

名词术语释义

第一篇　茶树栽培　/ 1

第一章　山东种茶历程　/ 2

第一节　南茶北引　/ 3

一、南茶北引历程　/ 3

二、山东茶叶生产概况　/ 8

第二节　山东种茶的橱窗效应　/ 11

第二章　茶树栽培的自然条件　/ 14

第一节　气候条件　/ 15

一、温度　/ 15

二、水分　/ 16

三、光照　/ 17

第二节　土壤条件　/ 20

一、土壤质地　/ 21

二、土壤酸碱度　/ 21

三、土层厚度　/ 23

第三节　地形条件　/ 24

一、海拔高度　/ 24

二、地势 / 24

三、坡度与坡向 / 24

第三章 茶树品种与种苗繁育 / 26

第一节 品种的选用 / 27

一、适制名优绿茶抗寒品种 / 27

二、适制红茶抗寒品种 / 37

三、适制乌龙茶品种 / 38

四、适制黄茶品种 / 39

五、适制白茶品种 / 39

六、适制黑茶品种 / 40

第二节 种苗繁育 / 40

一、茶籽育苗 / 40

二、短穗扦插育苗 / 42

三、营养钵扦插育苗 / 47

四、出国（境）苗木的处理 / 49

第四章 无公害茶园建设和栽培管理 / 50

第一节 园地选择与规划 / 51

一、园地选择 / 51

二、园地规划 / 54

第二节 茶园建设 / 58

一、园地开垦 / 58

二、品种选用 / 62

三、茶苗种植 / 63

第三节 幼龄茶园管理 / 66

一、抗旱保苗 / 66

二、越冬保苗 / 68

三、科学施肥 / 68

四、间作绿肥 / 69

五、定型修剪 / 70

六、缺株补苗 / 70

七、病虫防治 / 71

第四节　投产茶园管理　/ 71

一、施肥　/ 71

二、茶园灌溉与覆盖　/ 77

三、茶园耕作　/ 79

第五节　茶树病虫害防治　/ 80

一、茶树病虫害发生情况　/ 81

二、茶树病虫害防治措施　/ 81

三、主要病虫防治　/ 83

四、无公害茶园常用农药　/ 94

第六节　茶叶采摘　/ 94

一、茶叶采摘的要求　/ 95

二、茶叶采摘标准　/ 96

三、采茶机采茶　/ 98

四、鲜叶验收与贮运　/ 100

第五章　有机茶园建设和栽培管理　/ 102

第一节　有机茶园建设　/ 103

一、新建有机茶园　/ 103

二、常规茶园转换为有机茶园　/ 104

第二节　有机茶园管理　/ 105

一、覆盖与间作　/ 105

二、施肥　/ 105

三、病虫草防治　/ 106

第三节　有机茶认证　/ 108

第六章　低产茶园改造　/ 109

第一节　树冠复壮　/ 110

一、深修剪　/ 110

二、重修剪　/ 110

三、台刈　/ 111

四、修剪机修剪　/ 111

第二节　土壤改良　/ 113

一、加厚土层　/ 113

　　二、砌坎保土　/ 113

　　三、深耕施肥　/ 113

第三节　园相改造　/ 114

　　一、汰劣存壮　/ 114

　　二、补丛加密　/ 114

　　三、换种改植　/ 114

第七章　茶树越冬与冻害防治　/ 118

第一节　冻害的成因　/ 119

　　一、冷冻害气象因素　/ 119

　　二、倒春寒　/ 123

　　三、冻害的人为因素　/ 123

第二节　茶树冻害的机理及症状　/ 124

第三节　冻害的预防　/ 125

　　一、做好茶园基础建设　/ 126

　　二、采取防冻措施　/ 126

第四节　茶树冻害后的恢复与补救　/ 131

　　一、整枝修剪　/ 131

　　二、摘除受冻芽叶　/ 132

　　三、加强肥培管理　/ 132

　　四、建立越冬农事档案　/ 133

第八章　观光科普茶园建设　/ 134

第一节　茶叶园馆建设　/ 135

　　一、茶叶体验馆　/ 135

　　二、茶叶科技馆　/ 135

　　三、民族茶文化馆　/ 135

　　四、茶文化鉴赏馆　/ 136

　　五、休闲度假区　/ 136

第二节　观光茶园建设　/ 136

　　一、观光茶园含义　/ 136

　　二、布局设计　/ 137

第三节　特色茶树种植　/ 137

一、适合品种　/ 137

二、栽种管理　/ 139

第四节　彩色树种种植　/ 140

一、适合树种　/ 141

二、栽种管理　/ 143

三、成龄树或大树移栽　/ 144

第二篇　茶叶加工　/ 147

第九章　加工工艺　/ 148

第一节　茶叶品质因子　/ 149

一、外形　/ 149

二、色泽　/ 149

三、香气　/ 150

四、滋味　/ 151

第二节　绿茶加工　/ 154

一、绿茶加工工艺　/ 155

二、山东名优绿茶例　/ 163

第三节　红茶加工　/ 168

一、红茶加工工艺　/ 168

二、山东红茶例　/ 172

第四节　乌龙茶加工　/ 173

一、乌龙茶加工工艺　/ 174

二、山东乌龙茶例　/ 176

第五节　黄茶加工　/ 178

一、黄茶加工工艺　/ 179

二、山东黄茶例　/ 182

第六节　白茶加工　/ 183

一、白茶的概念　/ 183

二、白茶加工工艺　/ 184

第七节　黑茶加工　/ 186

　　一、黑茶的分类　/ 186

　　二、黑茶加工工艺　/ 188

第十章　初制茶厂设计与茶机配套　/ 191

　第一节　厂房的规划与设计　/ 192

　　一、厂房面积规划与设计　/ 192

　　二、制茶机具的配套　/ 193

　第二节　初制加工机具的选用　/ 195

　　一、绿茶加工机具　/ 195

　　二、红茶加工机具　/ 199

　　三、乌龙茶加工机具　/ 200

第十一章　茶叶审评及包装贮藏　/ 202

　第一节　茶叶感官审评　/ 203

　　一、感官审评的要求　/ 203

　　二、感官审评程序　/ 205

　　三、评茶术语　/ 206

　　四、主要品牌茶感官特征例举　/ 217

　　五、茶叶审评的常用虚词　/ 222

　　六、评分系数　/ 222

　第二节　茶叶贮藏与包装　/ 223

　　一、茶叶特性与贮藏的关系　/ 223

　　二、茶叶贮藏要求的环境条件　/ 224

　　三、茶叶贮藏的方法　/ 225

　　四、茶叶包装　/ 225

　　五、科学饮茶　/ 226

参考文献　/ 227

附录　/ 228

　附1：茶厂和茶机配套设置例　/ 228

　附2：中国农业科学院茶叶研究所与"南茶北引"　/ 231

　附3：1965—1980年山东"南茶北引"省、地、县种茶组成员和部
　　　分社队茶叶技术员　/ 237

第一篇 茶树栽培

第一章　山东种茶历程

中国著名气象学、地理学、教育家竺可桢在"中国近五千年来气候变迁之初步研究"（竺可桢，1965）中说："五千年前，山东的黄河流域生长毛竹，这一带是亚热带气候。"同为喜温喜湿的亚热带茶树当时很可能与毛竹一起生长，给齐鲁大地四季披上绿装。据1670年《颜神镇（今博山）志》载："鲁山在镇东南六十里，产美茶，味甲天下。"1897年文登县志和1935年莒县县志也都记载当地产过茶。在沂蒙山区至今还有着"茶园""茶山"的村庄名，这也许是古代种茶的遗存。随着气候的变化，冬季的寒冷和干旱胁迫着茶树退出山东，故学者把中国茶树自然分布的北限定为秦岭淮河一线，所以，有史以来山东不是产茶省。

第一节 南茶北引

一、南茶北引历程

山东不产茶，但是茶叶消费大省，喝茶嗜茶之风在全国各省区市中最盛行。据山东省商业厅统计，20世纪60—70年代，全省年茶叶实际销量在27万担左右（每担50千克），虽然每年要从南方调入18万～19万担茶叶，但远供不上需求。为了缓解供需矛盾，根据山东半岛多山和滨海的条件，省里决定在东南沿海试种茶树。

1953年复员军人从南方带回茶籽，种在汶上县徂徕山（今属泰安市高新区）背风向阳的石旮旯处，长成了茶树。表明，只要有有利的地形和适宜的土壤，茶树是可以生长的。

1959年，省商业、农林、供销等部门从浙江调入茶籽分别在临沂地区的日照县大沙洼林场、莒县中楼苗圃（今大陈军子村）、平邑县万寿宫林场、蒙阴县岱崮林场、沂水县上峪大队、沂源县坡丘大队和青岛市中山公园等地试种。因不了解茶树习性，又缺乏越冬管护技术，大部分茶苗死亡，唯青岛崂山林场第一任场长于春彦在青岛中山公园（图1-1）和太清宫（下宫）（图1-2）播种的龙井种茶籽，有部分长成苗，可谓是山东目前最早的茶园。

图1-1 青岛中山公园1959年种的杭州龙井种茶园（1972年摄）

图1-2　1959年种植的青岛下宫茶园采摘春茶（1972年摄）

1961年，日照县试种0.56亩[*]，因茶苗不能越冬，没有成活。

1965年，时任山东省委书记谭启龙要求继续进行试种，尽量解决山东饮茶问题。同年，省政府决定由省商业厅负责种茶任务。商业厅遵循"发展生产，保证供给"的方针，出人出资金进行试种，并在下属的省糖业烟酒公司成立了种茶组，各地区(市)、县商业局也相继成立种茶组，承担试种工作。1965—1967年先后从浙江、福建、湖南、安徽等地调入茶籽，在日照、青岛、临沂、泰安、淄博等26个市县试种1 950亩。除了青岛、日照、胶南、莒南等几个濒海的县市外，内陆很少有成活。

1966年，日照县在安岚区北门外大队（现属日照市岚山区安东卫街道）（图1-3）和丝山区双庙大队（现属日照市海天旅游度假区卧龙山街道）试种的8.7亩，由于土壤选择、护苗管理、越冬措施等有所改进，茶苗成活率达45%左右。

1967年日照县上李家庄（图1-4）、西赵庄（图1-5）等14个大队种植的128亩茶苗长势比较好。同年莒县、五莲县街头镇罗家丰台村也开始试种。

1968年，日照县种茶区域扩大到8个公社23个大队，面积达到399亩（图1-6、图1-7、图1-8、图1-9、图1-10）。在泰山脚下离京沪线不到2千米的泰安县王家庄樱桃园试种的3亩多茶树也正常生长，这可谓是当时山东最北的茶园了。以上表明，山东局部地区是可以种茶的，这使"南茶北引"看到了

---

　　*　亩为非法定计量单位，1亩＝1/15公顷。——编者注

图1-3 日照安岚区北门外大队1966年茶园（2018年摄，张典标 供图）

图1-4 日照城关上李家庄茶园（1977年摄）

图1-5 日照安岚区巨峰西赵庄1968年茶园（2013年摄）

图1-6　乳山焉家村1969年茶园
（1973年摄）

图1-8　泰安王家庄樱桃园
1969年茶园（1973年摄）

图1-7　荣成海西1969年海滩茶园
（1973年摄）

图1-9　蒙阴坦埠茶场茶园
（1975年摄）

图1-10　莒南洙边朱芦河西茶园
（1972年摄）

希望，树立了信心。

然而，1967、1973、1976、1979年每隔两三年的特大冻害表明山东种茶的风险依然很大，最大障碍是自然灾害，最大难点是安全越冬。

为了配合山东"南茶北引"工作，帮助研究解决山东种茶的一系列问题，中国农业科学院茶叶研究所从1967—1981年，先后有领导、科技人员、工人等11批20多人次到山东参加"南茶北引"工作，有的是调查分析、有的是蹲点试验、有的是技术培训。在领导、群众、科技人员三结合下，经过多年试验，反复实践，总结经验，吸取教训，研究出了一套保苗护苗、肥培管理、越冬防护等技术措施，使茶树终于在东南沿海、胶东半岛扎下了根。1971年，茶叶研究所夏春华、翁忠良帮助日照县西赵庄建立了山东省第一个村级茶叶初制厂——"九一六联合初制茶厂"（图1-11）；1975年，虞富莲在日照县上李家庄创制了山东有史以来第一个名茶——"雪青"（图1-12、图1-13、图1-14）。山东绿茶经茶叶研究所审评认为"叶片肥厚耐冲泡，内质很好，滋味浓，香气高，近似屯绿、婺绿"，表明山东种茶具有潜在的经济栽培价值。这些都进一步鼓舞了领导和群众的种茶积极性，种植面积逐年扩大，1980年全省茶园发展到7万多亩，产茶69万千克，山东正式迈入全国产茶省行列。1989年，日照上李家庄炒制的雪青茶在农业部和中国茶叶学会举办的全国名优茶评比中被评为优质茶。

图1-11　中茶所刘家坤所长（前排左3）与省种茶组负责人王林贤（前排左2）日照县长付成玺（前排左1）等与种茶组科技人员在第一个队办初制茶厂日照西赵庄茶厂前合影（1973年摄）

图1-12　虞富莲在1975年创制雪青茶的茶园（2014年摄）

图 1-13 虞富莲（后排右 1）与日照上 李家庄茶叶技术员（1974 年摄）

图 1-14 日照上李家庄技术员测量茶树蓬面 风速（1974 年摄）

1986年起，山东茶叶生产由农业部门管理。通过20多年的艰苦努力，形成了一套比较完整的种管采制技术和越冬防护措施。茶园面积扩大，产量增加，茶类多样，效益显著，在主产区茶叶已成为农村的支柱产业和农民的稳定收入之一。现今在日照市岚山区巨峰镇形成长50千米覆盖67个村庄9万多亩的"百里茶廊"。

二、山东茶叶生产概况

（一）茶区的划分

1979年6月，全国茶叶区划会议正式将山东列入江北茶区。根据1982年全国茶叶区划研究协作组制定的"全国茶叶区划研究"（图1-15），按照山东茶区的自然条件，生态环境，茶类适制性，划为次适宜区。

山东省商业厅1982年所制定的"山东茶叶生产的适宜区域"，将全省划分为适宜区、次适宜区和不适宜区。

适宜区：东南沿海区，包括日照、莒南、莒县、五莲、胶南、青岛、崂山等县市区。本区受黄海季风控制，气温较高，降水较多，气候变化比较稳定。境内多为低山缓坡丘陵，母

图 1-15 茶叶区划研究

岩由花岗岩、正长岩及片麻岩组成，土壤呈酸性或弱酸性，适合种茶，是茶叶生产的主要区域。

次适宜区：胶东半岛区，胶莱河以东的半岛部分，包括文登、乳山、荣成、威海、烟台、海阳、蓬莱等县市。因纬度较高，三面环海，冬季温度低，风大，降雪日多。中部的昆嵛山为主要山脉，其他主要是长期剥蚀的片麻岩、结晶片麻岩等古地层所组成的波状丘陵及残丘，此外还有花岗岩、正长岩所组成的数列山岭，土壤呈弱酸性，可以种茶。在艾山西北部有玄武岩等，土壤偏中性，不宜种茶。本区茶树易发生严重冻害，要严格选择地形、土壤，谨慎发展。

不适宜区：鲁中南区，包括费县、苍山、临朐、泰安、新泰、莱芜、滕县、枣庄、宁阳、肥城等县市。本区是泰、沂、鲁山脉交错形成的泰沂山区，母岩是以片麻岩为主的泰山杂岩，南北两侧有古代石灰岩和页岩，在鲁南还有太古代的片麻岩和寒武纪的石灰岩和页岩。由砂岩、片麻岩、页岩等风化所形成的马牙沙土、岭沙土、黄泥土等呈微酸性，可以种茶。石灰岩风化形成的石灰性红土、中性黄泥土及黑土等不宜种茶。本区气候干燥、极端低温超过茶树临界值。严格选择地形、土壤或采用设施栽培可以零星种植茶树。

经过近半个多世纪的试种、扩种以及规模化种植，区划符合实际情况，目前山东茶区的格局已基本定型。

（二）面积和产量

尽管山东种茶自然条件差，栽培管理要求高，风险大，但茶叶生产还是从无到有，从小到大，从尝试到成为产业。据省糖业烟酒公司统计，在初期的1966—1981年15年间面积和产量虽然因冻害有所起伏，但总的是呈增长趋势（表1-1）。

表1-1　茶园面积和茶叶产量

（山东省糖业烟酒公司，1982）

年份	茶园面积（亩）	总产量（千克）	冻害情况
1966	653		
1967	680		遭冻害
1968	1 071		
1969	926		
1970	1 928		

（续）

年份	茶园面积（亩）	总产量（千克）	冻害情况
1971	2 410		
1972	4 570	78 725	
1973	10 957	16 678	全省茶园冻害，大部台刈
1974	50 414	199 581	
1975	49 774	450 323	
1976	52 000	600 000	全省茶园冻害，大部台刈
1977	115 806	416 288	
1978	87 491	847 993	
1979	78 341	1 034 236	全省茶园冻害，大部台刈
1980	71 215	691 118	
1981	71 215		

20世纪90年代后，茶叶的高收入使一些地方不顾主客观条件，盲目提出"千亩茶园一条线，万亩茶园连成片"，由于管理跟不上和常年冻害等原因，致使遭受挫折，全省面积减到7万亩左右，在巩固调整后才逐步趋于正常。经过半个多世纪的发展，到2019年，全省茶园面积、产量和产值都达到了一定的规模，有些超过了老产茶省（表1–2），尤其是亩产值达19 000元，远高于全国平均的5 000元，效益十分显著。自1975年创制出第一个雪青茶后，又相继创制了浮来青、碧波茶、海青锋茶、崂山绿茶、沂蒙碧芽、叠翠茶等名优茶，其中雪青、浮来青、崂山绿茶等已跻身全国名茶行列。

表1-2　2019年山东茶园面积茶叶产量与产值

项目	数量			位于省区（市）之前
	山东	全国	占比（%）	
面积（万亩）	35.6	4 597.9	0.77	甘肃、海南
产量（万吨）	2.662	279.34	0.95	江苏、甘肃、海南
产值（亿元）	67.8	2 396	2.83	广西、广东、重庆、江苏、甘肃、海南

注：据中国茶叶流通协会2020年全国18个省区市统计资料。

第二节　山东种茶的橱窗效应

　　山东种茶的成功，在北方引起很大的反响。1973年10月，由中国农业科学院茶叶研究所和山东省商业厅主持在日照召开的山东、西藏、新疆、陕西、河北、辽宁6省区的"南茶北引西迁"经验交流会（图1-16），使北方不少地方进行了"南茶北种"的尝试（图1-17）。

图1-16　南茶北引西迁会议合影
　　　　前排右5为日照县委书记牟步善（1973年摄）

　　1975年北京市糖业烟酒公司在门头沟试种，由于土壤不适合失败。1976年在密云县密云水库边的不老屯公社试种1亩多，在中国农业科学院专家方嘉禾、虞富莲驻点指导下，取得成功。1981年北京糖业烟酒公司采制的茉莉花茶获得好评。21世纪以来，北京怀柔区前辛庄、北京房山区韩村河镇下

11

中院村、北京石景山区八大处公园等都进行了试种，但都未形成规模。

图1-17　原日照县委书记96岁高龄的牟步善（左）
视察日照东港区后村镇独垛村茶园（2020年摄）

1997年河北省农业科学院在平山县五岳寨、灵寿县漫山林场（北纬38° 45′ 海拔760米）、灵寿县瓦房台村（北纬38° 30′，海拔370米），在中国农业科学院茶叶研究所吴洵研究员指导下，选择背风向阳地形、酸性土壤，采用设施栽培，茶树在太行山区终于落脚生根，已有较大面积栽培。此外，在保定市阜平县石湖村、邢台市临城县、山西运城市丽山等也有试种。

2009年，内蒙古自治区赤峰市元宝山林场和市东郊试种了茶树。

2015年辽宁省阜新市彰武县在科尔沁沙地的间山（北纬42° 45′）和大清沟等地选择有利地形，采用扣3层薄膜越冬措施，种植成功，间山的200多亩茶园已采制（图1-18）。2016—2020年在彰武县大冷镇程沟村用连栋大棚种植10多亩。

图1-18　2019年辽宁阜新间山茶园（汤晓丹　供图）

　　2016年，内蒙古的呼和浩特市、巴彦淖尔市磴口县，宁夏回族自治区的银川市，吉林省的伊通县和东丰县等也进行了试种。

　　目前我国北方种茶的地方虽已接近世界最北茶区俄罗斯索契（北纬43°35′，相当于吉林市纬度），但由于自然条件较苛刻，投入与产出的不对称性，总体上还未有较大规模的栽培。

第二章 茶树栽培的自然条件

茶树是亚热带常绿阔叶喜温、喜湿、喜酸木本植物，栽培自然条件包括气候、土壤、地形等，只有满足这些条件，茶树才能正常生长，并具有经济栽培价值。

第一节 气候条件

气候条件是决定北方种茶成败和是否具有栽培价值的关键之一。从山东气象资料可知，东南沿海的日照、青岛属于暖温带湿润季风气候，胶东半岛的乳山、荣成属于暖温带海洋季风气候，内陆的蒙阴、博山属于暖温带季风大陆性气候，泰安属于暖温带大陆性半湿润季风气候。这些都与茶树要求的南中亚热带气候条件差距甚大，即使与纬度低4°～5°属北亚热带湿润季风气候的安徽金寨、相差5°～7°的北亚热带季风气候的浙江杭州也有很大不同。

一、温度

茶树春季发芽的起始温度是连续5天的日平均温度稳定通过8℃或10℃，生长温度在10～35℃，最适生长温度是18～25℃。在最适温度期，各种酶活性最强，物质代谢快，芽叶不仅生长旺盛，而且品质也是最好。超过35℃或者低于8℃就停止生长。茶树需要的≥10℃年活动积温在4 500～6 500℃，最少不低于4 000℃，1月平均温度要求在4℃以上。在江南茶区，3月下旬和4月上旬温度的高低与春茶开采的早晚有密切关系，如3月下旬的平均温度在14℃以上，则4月上中旬就可开采，在10℃左右，则需要在4月20日左右采摘。

从表2-1、表2-2可知，山东茶区年平均温度要比杭州低3.7～5.4℃，日平均温度稳定通过10℃的初日大多在4月上中旬，初日比杭州晚14～27天，终日比杭州早14～21天（初终日近乎相等），≥10℃年活动积温比杭州少1 210～1 789℃。4月的平均温度才能满足茶树发芽起始温度的要求，比杭州茶区晚了半个月左右，相应的开采期更是晚了20多天。≥10℃年活动积温在4 000℃左右，基本达到茶树年积温需要，所以山东大部分茶区1年内只有6～7个月生长期，比江南一带少1～2个月。为了让茶树休养生息，做好越冬准备，一般10月上旬封园后不再采摘。

冬季的低温是最主要的气象灾害。通常，灌木中小种茶树冬季低于－5℃，或者0℃以下温度连续出现5～7天，都会造成冻害，这样的低温茶树已不可能自然越冬，如果不采用防护设施（如保暖大棚等）越冬，已无栽培价值。

从表2-1可知，山东茶区1月平均温度都在0℃左右或0℃以下，极端最低温度（通常出现在1月）都在-14℃以下，内陆的蒙阴、泰安更是低于-20℃，这种严寒的气候，与茶树的习性差距很大，这是造成茶树几乎年年发生冻害的根本原因。

山东茶区无霜期只有7个月左右，虽然4月平均温度都已达到10℃（表2-2），但4月下旬还会出现晚霜，这也是山东春茶要到4月底5月初开采，比南方茶区迟一个多月的重要原因。

"倒春寒"是指早春的强冷空气或寒潮的剧烈降温（日平均温度在4℃以下）给茶树芽叶所造成的冻害，使春茶减产降质，严重的会导致绝产，这也是北方茶区重要气象灾害之一。

二、水分

水是茶树最重要的组成部分，占整体的55%～60%，幼嫩芽叶和新梢占75%～78%。茶树不断采叶，新梢不断萌发，需要不断补充水分，这是茶树栽培需要特别注重产地降水量和水源条件的重要原因。在适合种茶的地区，要求年降水量不低于1 000毫米，生长季节的月降水量不少于100毫米，茶树生长期间微域环境的空气相对湿度为80%。土壤相对含水率70%～80%。年降水量低于1 000毫米，只要各月降水比较均衡，水源有保障的地方，且可人工灌溉，仍可栽培茶树。

水分过多会造成湿害。连续降水或者雨量过大，如果茶园土层浅，排水不良，都会造成茶园积水和渍水，使土壤缺氧，根系在厌氧情况下生长受阻，吸收功能减弱，严重时会导致死亡。

从表2-1、表2-2可知，山东种茶县市没有一个达到茶树需要年降水量1 000毫米的要求。10个种茶县市的年平均降水量是785.1毫米，相当于茶树正常最低需水量的78.5%，且各月分布极不均衡，全年产量和品质占主要的4月与5月的降水量平均85.8毫米，只占全年的10.7%，7月与8月的降水量却占到50.4%。如日照春季（4、5月）降水量占全年的9.8%，夏季（7、8月）占48.2%，秋季（10、11月）占7.9%，也就是全年近一半的雨水降在7、8两个月，但夏茶不是收获重点。春季降水量少，茶树生理代谢减弱，会遏止茶树的生长发育，这是造成春茶发芽晚、产量比重不高的重要原因。所以春茶期间的灌溉十分重要（图2-1）。

水分的多少，不仅关系到茶树的生长和产量，而且与茶树越冬也密切相关。从表2-2可知，降水量较多的日照10月、11月的累计降水量也只有74.3毫米，占全年的7.9%，所以入冬前的"越冬水"也显得至关重要。

与降水量一致的是空气相对湿度也呈现同样规律性的变化。从表2-1可知，10个种茶县市的平均相对湿度是70%，低于茶树对湿度的要求。从表2-2看，越冬期间的12月到2月的平均相对湿度只有62%，同期的杭州是81%。空气过于干燥易产生茶树干冻害的发生。

图2-1　泰安王家庄茶园灌返春水（1973年摄）

三、光照

茶树体内90%～95%的干物质是靠光合作用来合成的。春季低温较弱的光照，有利于氨基酸和蛋白质的合成，茶多酚的合成较少，对绿茶品质有利。夏秋季光照强，有利于茶多酚的合成，对红茶品质有利。

日照时间长和光照充分的茶树叶片比较厚实，叶片表皮细胞和栅栏细胞多而密，叶色呈深绿或绿色。在同一环境条件下，叶片呈上斜状着生的由于叶背腹受到光照，光合作用效率高，是高产性状之一。

当光照强度超过一定的范围后，幼龄茶树的光合作用强度不但不会提高，反而有所降低，这叫光饱和现象。幼龄茶树的光饱和点是1万勒克斯（水稻4万～5万勒克斯），所以长日照期间，幼龄茶树适当遮阳有利于增加光合作用。此外，植物光合作用吸收的CO_2与呼吸作用所放出的CO_2等量时，这时的光照强度称为该植物的补偿点，此时有机物质的积累正好补偿有机物质的消耗。茶树补偿点为0.03卡/（厘米^2·分），茶树修剪由于受到创伤，使呼吸作用大大增强，补偿点上升为1.1卡/（厘米^2·分），所以过度或不恰当的修剪会损伤茶树生理机能。

光质（光谱）对茶叶品质也有重要影响，红色和黄色光易被茶树吸收利用。而漫射光里的红色和黄色光谱比直射光多，所以，通常阴山坡和有遮阳树的茶园多漫射光，对品质有利，茶叶香幽味醇。同一品种同一地方的芽叶色泽

表2-1　山东部分种茶县市气象要素

地点	北纬/度分	海拔高度/米	年平均温度/℃	1月平均温度/℃	极端最低温度/℃	日平均温度稳定通过10℃初日/终日	≥10℃年活动积温/℃	年日照时数/小时	年降水量/毫米	年相对湿度/%	无霜期/天
日照	35°23'	13.8	12.5	-1.3	-14.5	4.8/11.7	4231.2	2432.8	945.5	71	203
莒县	35°26'		12.1		-19.8		4836.2	2638.2	850	70	184
蒙阴	35°43'		12.8		-21.1	4.10/10.31	4341.7	2580.6	852	65	192
胶南	35°35'	6.0	12.0	-2.7	-16.3	4.16/11.1	4208.0	2500.0	862.7	73	212
青岛	36°09'	16.8	12.7	-0.5	-16.9	4.16/10.31	4317.3	2453.1	775.6	73	203
泰安	36°10'	128.8	12.8	-2.9	-22.4	4.8/10.31	4356.8	2654.9	725.7	65	187
即墨	36°23'	25.6	12.1		-18.6	4.11/11.1	4141.4	2740.8	798.1	69	201
乳山	36°54'	32.2	11.4	-2.9	-20.3	4.20/11.2	3866.9	2619.2	845	72	205
荣成	37°10'	37.6	11.1		-16.5	4.4/11.4	3778.1	2677.1	722	75	214
蓬莱	37°49'	32.6	11.8	-2.5	-15.1	4.22/11.5	3968.5	2836.7	624	66	232
杭州（对照1）	30°13'	41.7	16.2	4.3	-9.6	3.26/11.21	5567.1	1773.1	1529.6	82	250
安徽金寨（对照2）	31°41'	219.8	15.6		-13.9	3.31/11.14	4935.7	2083.3	1331.7	73	228

注：山东县市记录年代1955—1975，纬度、海拔高度是气象站所在地。

表2-2　山东部分种茶县市各月平均温度降水量和相对湿度

地点	项目	1月	2月	3月	4月	5月	6月	7月	8月	9月	10月	11月	12月	全年	平均
日照	平均气温（℃）	-1.3	0.5	4.8	10.4	16.3	20.9	25.0	25.9	21.6	15.7	8.5	1.9		12.5
	降水量（毫米）	12.4	14.0	25.3	51.0	41.2	117.8	268.8	186.5	134.2	38.2	36.1	13.8	945.5	
	相对湿度（%）	56	64	69	73	75	83	89	83	73	64	63	60		71
胶南	平均气温（℃）	-2.7	-0.4	4.8	10.7	16.7	21.0	25.1	25.6	20.4	14.5	7.1	-0.1		12.0
	降水量（毫米）	7.5	13.4	22.4	35.4	50.5	118.0	227.8	182.3	114.9	45.6	36.6	8.3	862.7	
	相对湿度（%）	63	66	66	68	69	78	87	84	78	73	72	66		73
乳山	平均气温（℃）	-2.9	-1.3	3.5	9.9	16.2	20.5	24.4	24.9	20.3	14.1	7.1	0.3		11.4
	降水量（毫米）	10.6	12.0	24.1	50.6	41.2	75.0	241.2	205.1	98.2	41.1	35.9	9.9	844.9	
	相对湿度（%）	65	66	67	69	68	78	87	85	76	71	69	67		72
蓬莱	平均气温（℃）	-2.5	-1.1	3.7	10.1	17.1	21.2	24.7	24.7	20.6	15.0	7.6	0.5		11.8
	降水量（毫米）	7.2	11.3	14.9	47.7	32.4	59.8	192.7	120.3	71.0	27.5	31.6	7.5	623.9	
	相对湿度（%）	58	59	59	60	58	69	82	83	70	73	62	60		66
泰安	平均气温（℃）	-2.9	-0.2	6.2	13.4	19.7	24.8	26.4	25.6	20.5	14.2	6.5	-0.4		12.8
	降水量（毫米）	5.5	8.8	16.7	37.0	42.1	86.8	229.0	162.7	70.4	32.2	26.4	8.1	725.7	
	相对湿度（%）	59	60	58	57	59	60	79	79	71	66	69	65		65
杭州（对照）	平均气温（℃）	3.5	5.3	9.3	15.1	20.2	24.7	28.9	28.3	23.6	17.4	12.0	6.3		16.2
	降水量（毫米）	70.8	92.4	122.8	129.7	199.5	223.4	141.5	156.6	204.0	77.8	66.9	44.2	1 529.6	
	相对湿度（%）	79	82	83	81	81	83	80	83	85	82	83	81		82

注：山东县市记录年代1955—1975。

不同季节会变化，春季是绿色或黄绿色的芽叶，到夏秋季由于橙色和紫色光较强，形成较多的花青素。花青素具有缓解叶片光氧化损伤能力，起到光保护作用，所以夏秋茶部分芽叶会变成紫绿或紫红色。花青素易溶于水，制绿茶色枯味苦，可以制红茶和黑茶。

高山茶园一般气候温和，云雾多，湿度大，多漫射光，加之土壤肥沃，有机质丰富，茶树芽叶肥硕，持嫩性好，有利于氨基酸等物质的合成和积累，茶多酚的合成有所抑制，为加工名优绿茶创造了条件，这就是为什么"高山出好茶"的原因。

茶树虽然是耐阴植物，但有着亚热带常绿植物的共同特点，即需要一定的有效光照，年日照时数不低于1 700小时。北方日照充足，如山东茶区的年日照时数在2 500小时左右（表2-1），日照时数总体上足以满足茶树生长的需要，在一定程度上弥补了其他气象要素的不足，使茶树在雨热同季时生长旺盛。

综上所述，山东茶区气候具有以下特征：

a.年平均温度比杭州低3.7 ～ 5.4℃，日平均温度稳定通过10℃初日比杭州晚14 ～ 27天，终日早14 ～ 21天。≥10℃年活动积温比杭州少1 210 ～ 1 789℃。所以山东茶树的有效生长时间要比江南茶区少2个月左右。

b.降水量不足，没有一地符合茶树需要年降水量1 000毫米的要求，这是造成春茶产量比例不高和易造成冻害的主要原因之一。

c.安徽金寨县地处大别山区，是江北老茶区之一，位于北纬31° 41′，比日照纬度低3° 40′，也即位置偏南400千米，海拔要比山东茶区高出一二百米，虽然极端低温可达–13.9℃，但活动积温、降水量和无霜期都多于日照，综合气象条件好于山东茶区，所以历史上很早就栽培茶树。

第二节　土壤条件

土壤是茶树的立地之本，它直接关系着对养分和水分的吸收。土壤的质地、土壤酸碱度、土层厚度和养分含量都与茶树的适应性、抗性、制茶品质有着密切的关系。

一、土壤质地

陆羽（733—804）在《茶经》中有"上者生烂石，中者生砾壤，下者生黄土"之说。明代的程用宾（生卒年不详）的《茶录》、张大复（1554—1630）的《梅花草堂笔谈》、清代的陈鉴（1594—1676）的《虎丘茶经著补》、陆延灿（约1678—1743）的《续茶经》等多持陆羽相同的观点。按现代科学解释是，茶叶品质以砾石较多的沙质土上，壤质土中，黏质土差。茶叶自然品质以富含有机质的沙质壤土和高山乌沙土最好，这是因为沙质土疏松，通气性好，有利于根系生长和对养分的吸收和同化。氨基酸是茶叶鲜爽味的主要成分，而茶氨酸又是氨基酸的主要组分，茶氨酸是在根部合成的，根系生长健壮，根容量大，茶氨酸的合成也就多，滋味就显得鲜醇回甘。此外，这一类土壤多为物理风化，土体中原生矿物质含量较丰富，尤其是与茶叶品质有关的镁、锌、硼、钼及其他微量元素有效性较高，有利于形成与香气滋味关系密切的醇类、醛类、酮类等物质，成品茶香郁味醇。如著名的杭州西湖狮峰龙井茶产于由石英砂岩风化的白砂土，获1915年巴拿马博览会金奖的浙江惠明茶产于由片麻岩风化的黄沙土，安徽黄山毛峰产于花岗岩风化的乌沙土，福建武夷十大名丛的土壤成土母岩大多是砂砾岩，山东日照茶和崂山茶产于花岗岩、正长岩、片麻岩等风化的沙砾土，等等。当然，沙性太强的沙砾土，保水保肥力差，茶树生长不良且易遭受旱害和冻害。质地过于黏重的棕黄壤，土壤团粒结构差，含微量元素和有机质都较少，茶叶品质较差。另外，这类土壤雨季易渍水，通透性差，使茶树生长不良，影响产量和品质。

二、土壤酸碱度

酸碱度用pH表示。茶树对土壤酸碱度非常敏感，它只能生长在pH3.5～6.5的酸性土中（山茶科植物共性）。对茶叶品质最有利的pH是4.5～5.5。因过高或过低都会影响叶绿素的形成，从而削弱了光合作用，由此对品质直接有关的氨基酸、茶多酚、咖啡碱、芳香物质等合成会减少。

茶树喜酸性土壤有多种原因，一是茶树长期生长在亚热带的酸性土壤中成了遗传特性；二是茶树的根部有共生的真菌类微生物菌根菌，它需要酸性条件；三是茶树的根系会分泌较多的有机酸。因此，只有在酸性条件下根系与土壤环境才能"和睦"相处，如果土壤是碱性的，在酸碱中和的情况下，根系就生长不良。酸性土壤含有较多的活性铝和较少的活性钙，铝对茶树来说也是重要的元素，生长正常的茶树需要土壤铝含量高达1%左右，所以只有酸性土壤才能满足茶树对铝的需要。二是酸性土钙含量较少，原来茶树对土壤钙也很敏感，超过0.3%就会影响生长，超过0.5%就会死亡，所以，这就是茶树不宜种在石灰岩风化土和含有石灰质的建筑地、宅基和墓地以及不宜施用强钙性肥料的原因。山东泰沂山区、沂蒙山区多石灰岩山（青石山），由于雨水少，淋溶作用小，土壤脱盐基弱，盐基饱和度大，土壤多呈中性或碱性，所以在内陆地区常出现邻近的两个山（崮），一个可以种茶（花岗岩），一个不能种茶（石灰岩）的情况。所以种茶地块的选择必须先测定土壤pH（表2–3）。

表 2-3　土壤酸碱度分级

分级标准	强酸性	酸性	弱酸性	中性	弱碱性	碱性	强碱性
pH 范围	< 4.5	4.5～5.5	5.5～6.5	6.5～7.5	7.5～8.0	8.0～8.5	> 8.5

土壤酸碱度可用石蕊试纸测定土壤水溶液，凡试纸呈红色表示是酸性，蓝色是碱性。此外，也可根据周围的酸性指示植物来判断，最常见的有松树、栗树、麻栗树、白茅草、蕨类植物等，凡是长有这些植物的地方均可种茶。

偏中性的土壤，同一剖面的土壤越深pH会越大，甚至会偏碱，所以有一些偏中性土壤种植的茶苗，头一两年生长尚可，随着根系向深层发展接触到碱性土，苗木便开始枯萎，甚至死亡，这样的土壤必须改良。偏中性的土壤可施用硫黄粉或硫酸亚铁（又名黑矾、绿矾）调节酸度。硫黄粉在土壤中会被一类硫化细菌的微生物转化为硫酸，一般施硫黄粉6个月，可使0～25厘米土层的pH从6.5降至5.0以下，20～40厘米降至5.5左右。还未种植茶树的新建茶园，每次施硫黄粉或硫酸亚铁80～100千克/亩。由于土壤是个很强的缓冲体，通常施用后10天左右又会恢复到原来状况，所以需要施3次左右才会有效。可在种植沟位置提早4个月施，3次间隔期至少1～2个月，距最后1次施1个月后再种植茶树。如果不开沟，也可土面撒施，施后再翻入地下。如果茶树已种植，在种后1个月施50千克/亩，过3个月施80千克/亩，再过3个月施80～100千克/亩。均在离茶苗根部至少20厘米的位置开深宽各10～20厘米的沟施。不论是硫黄粉或硫酸亚铁都是干施，施后覆土。不要土表撒施。

三、土层厚度

本固才能枝荣。茶树根系发达，吸收根主要分布在20～40厘米范围内，实生茶树的主根可达1米以上，扦插茶树的侧根和须根也广泛分布于耕作层内。为了有利于茶树根系向纵深和广度发展，种茶土层厚度最好在80～100厘米以上，一般不低于60厘米。据测定，同一品种在相同栽培管理下，产量随着土层厚度而增加（表2-4）。

表2-4　土层厚度与产量的关系

（茶树高产优质栽培技术，1990）

土层厚度（厘米）		干茶产量（千克／亩）
幅度	平均	
38～49	43	130.4
54～57	55	168.9
60～82	73	219.0
85～120	102	267.6
120以上		361.3

一些花岗岩、片麻岩、正长岩等风化的土壤虽然土层不到60厘米，并伴有烂石，通过深翻、加客土和施有机肥，仍可用来种茶。凡是有石塥、土塥层（犁底层）的地种茶树需要将塥层打破，以利排水和根系生长。

优质高产茶园土壤总体要求是，团粒结构好，固相、液相、气相三相比合理，渗水系数每秒大于18厘米，含有机质和微量元素丰富（表2-5、表2-6），常年施有机肥一般都能达到这一要求。需要指出的是，一些低产或易受冻茶园并不是各项土壤指标都差，需要通过诊断，找出症结所在，有针对性地进行改良。

表2-5　优质高产茶园土壤物理指标

（中国茶树栽培学，2005）

剖面	土层厚（厘米）	质地	总孔隙度（%）	三相比（固∶液∶气）	渗水系数（厘米／秒）
表土层	20～25	壤土	50～60	50∶20∶30	>18
心土层	30～35	壤土	45～50	50∶30∶20	
底土层	25～40	壤土	35～50	55∶30∶15	

注：从地表起，0到20～25厘米范围内的土称表土；25到50～60厘米的称心土；50或60厘米以下的称底土；底土以下多为半风化的石塥。

表 2-6　优质高产茶园土壤化学指标（0 ~ 45 厘米土层）

（中国茶树栽培学，2005）

有机质（克／千克）	pH	全氮（克／千克）	有效养分（毫克／千克）						
			氮	磷	钾	镁	锌	硫	钼
> 20	4.5 ~ 6.0	> 1.0	> 100	> 15	> 80	> 40	> 1.5	> 30	> 0.3

第三节　地形条件

主要指海拔高度、地势和坡度坡向等。

一、海拔高度

与海拔高度最相关的是温度。通常在 2 000 米以下，每上升 100 米温度降低 0.7 ~ 1.0℃。在高海拔地区，如果全年活动积温低于 4 000℃已不适合种茶。

就相对于全国栽培茶区而言，山东等北方茶区属于高纬度茶区，但主要栽培区域的海拔高度都在 30 米左右（表 2–1），所以总体上属于高纬度低海拔茶区。

二、地势

地势指的是地表的相对高差，适合种茶的地势一般是平地不超过 20 米，山坡地不超过 100 米。地势平坦有利于茶园集中成片，但现今连片土地不多，主要还是在坡地建茶园，所以新建茶园不能强求集中成片。另外，地势还会影响到热量和水分的分布，坡度陡峭易造成水土流失，不利于持续高产；山间峡谷地冷空气易下沉，容易造成冻害。

三、坡度与坡向

坡度大小关系到接受太阳辐射热量的多少，坡度大接受的热量多。但坡度过大，会加重水土流失，据测定，坡度 20° 的茶园土壤冲刷量是坡度 5° 茶园的2倍多，所以新建茶园坡度一般不超过25°，且坡度大，建设成本高，管理不便。

南坡向阳面茶园与平地和谷地茶园相比，受光面积大，温度相对较高，又能避免或减轻寒风侵袭和冷空气下沉所造成的冻害。中低山的北坡茶园多漫射光，茶树代谢相对比较缓慢，积累的干物质较多，品质较优，但常年冻害严重。东西坡茶园介于南北坡茶园之间。所以应尽量选择南坡建茶园，但南坡茶园温度高，蒸发量大，旱季要注意抗旱保水。这些在建园规划时都应考虑到。

第三章 茶树品种与种苗繁育

　　品种是农业生产的基础，在相同条件下选用优良品种，在高产稳产、制茶品质和抗御灾害方面起到其他农业措施所不能替代的作用。茶树良种的主要作用有：品质优，经济效益高；兼制性好，市场应变力强；抗病虫性强，不用或少用农药，避免农药残留；抗寒性强，少受冻害或冻害轻。目前同时具有这些特点的品种几乎还没有。不过，北方种茶对品种的选用标准主要还是抗寒性和茶类适制性。

　　为了保持优良品种农艺性状和经济性状的遗传稳定性，必须采用正确的繁殖方式繁育种苗。

第一节　品种的选用

品种选择的原则是，以市场定生产茶类，以茶类决定种植品种。具体选择时必须根据当地的立地条件、茶类结构，尤其是要根据当地冻害、旱害和病虫害发生的频率和程度选用最适合的品种，如当地常年发生越冬冻害或倒春寒的，就不能选用抗寒性差或发芽早的品种。同一地方最好早中生品种搭配，一般种植主栽品种1～2个，搭配品种2～3个。根据北方地区要求抗寒性强的品种，按茶类列举如下。这些品种在茶树植物学分类上属于山茶科（Theaceae）、山茶属（*Camellia*）、茶组（Sect. *Thea*）中的茶［*Camellia sinesis* (L.) O.Kuntze］。是茶组植物中抗寒性最强的种（Species）。

（说明：以下品种介绍中，①芽叶生长期均是该品种的原产地或是育成单位所在地；②产量除注明外均是大宗茶干茶产量；③品种生化样均是春茶一芽二叶干样。检测方法：水浸出物GB/T 8305—2008、氨基酸GB/T 8314—2008、茶多酚GB/T 8313—2008、咖啡碱GB/T 8312—2008。）

一、适制名优绿茶抗寒品种

北方名优绿茶主要分毛峰形（卷曲）和扁形茶两类。毛峰形茶要求芽叶较壮实、茸毛多，适合种植的有黄山种、鸠坑种等8个；扁形茶品种要求芽叶大小中等，茸毛少，氨基酸含量较高，有龙井群体种、龙井43等5个。

（一）毛峰（卷曲）形品种

1.黄山种　又名黄山大叶茶。产于安徽省黄山市所属黄山区、徽州区、歙县、休宁县等地。国家级品种。有性系。灌木型，中叶（偏大类），中生种（图3-1）。

（1）形态特征。植株中等，树姿半开张，分枝较密。叶椭圆形，叶色绿或深绿，叶面稍隆起，叶身平或稍背卷，叶尖渐尖或钝尖，叶质较厚软。芽叶绿色、较肥壮、茸毛多，一芽三叶百芽重49.8克。花冠直径3.8～4.0厘米，子房茸毛中等，花柱3裂。种子百粒重133.0克。

（2）生育特性。芽叶生育力强，持嫩性强。一芽三叶盛期在4月下旬。产量较高，亩产高档毛峰茶50千克左右。春茶一芽二叶干样含氨基酸5.0%、茶多酚21.9%、儿茶素总量11.0%、咖啡碱4.4%。制毛峰茶，色泽绿润，毫锋显露，清香高长，滋味鲜浓甘醇。结实性强。抗寒、抗旱性均强。适应性强。

（3）适栽地区和栽培要点。适合土层较薄或易遭冻害和倒春寒危害的地块种植。用茶籽直播或育苗移栽。茶籽单条播，行距1.3～1.4米，丛距33厘米，每穴播3～4粒，每亩用种量约10～15千克。

图 3-1 原产地的黄山种茶园

2. 祁门种 又名祁门槠叶种。产于安徽省祁门县历口、凫峰等地。国家级品种。有性系。灌木型，中叶类，中生种。

（1）形态特征。植株中等，树姿半开张，分枝较密。叶椭圆或长椭圆形，叶色绿，叶面隆或稍隆起，叶身平或稍内折，叶尖渐尖，叶质较厚软。芽叶黄绿色、茸毛中等，一芽三叶百芽重44.5克。花冠直径3.4～3.9厘米，子房茸毛中等，花柱3裂。种子百粒重165.5克。

（2）生育特性。芽叶生育力强，持嫩性强。一芽二叶盛期在4月中旬。产量高，亩产150千克左右。春茶一芽二叶干样含氨基酸3.5%、茶多酚16.6%、儿茶素总量12.5%、咖啡碱4.0%。制毛峰茶，色泽绿润，香高，滋味浓醇回甘。亦是适制红茶优良品种，制"祁红"，条索紧细苗秀，色泽乌润，汤色红艳明亮，滋味鲜醇甘爽，有蜜香或花果香（俗称"祁门香"）。抗寒和抗旱性均强。适应性强。

（3）适栽地区和栽培要点。同黄山种。

3.鸠坑种 又名鸠坑大叶种。产于浙江省淳安县鸠坑乡塘联村。国家级品种。有性系。灌木型，中叶类，中生种。

（1）形态特征。植株中等，树姿半开张，分枝较密。叶椭圆、长椭圆、披针形，叶色绿，叶面平或稍隆起，叶身平或内折，叶尖渐尖，叶质中等。芽叶绿色、茸毛中等，一芽三叶百芽重40.5克。花冠直径3.8厘米，子房多毛，花柱3裂。种子百粒重96.0克。

（2）生育特性。芽叶生育力强。一芽二叶盛期在4月中旬。产量高，亩产180千克左右。春茶一芽二叶干样含氨基酸3.4%、茶多酚16.7%、儿茶素总量10.6%、咖啡碱4.1%。制毛峰茶，色泽绿润，香气鲜浓，滋味醇厚回甘。结实性强。抗寒和抗旱性均强。适应性强。

（3）适栽地和栽培要点。同黄山种。

4.木禾种 又名东白笋头茶。产于浙江省东阳市东白山周围的三单乡、佐村镇及磐安县尖山镇等地。茶树生长海拔高度三四百米。东白山茶场1 150米的大白峰茶园，是浙江省海拔最高的茶园，常年冬季最低温度达零下十几度。省推广品种。有性系。灌木型，中叶类，中生种。

（1）形态特征。植株中等，树姿半开张，分枝密，叶片稍上斜着生。叶长椭圆、椭圆、披针形，叶色绿，叶面平或稍隆起，叶身平或稍内折，叶尖渐尖，叶质中等。芽叶绿色、茸毛中等，一芽三叶百芽重37.5克。花冠直径3.6厘米，子房多毛，花柱3裂。种子百粒重112.7克。

（2）生育特性。芽叶生育力强。一芽二叶盛期在4月中旬。产量高。春茶一芽二叶干样含氨基酸4.2%、茶多酚15.7%、咖啡碱3.8%。制毛峰茶，色泽嫩绿，香气清鲜，滋味浓醇回甘。结实性强。抗寒性和抗旱性均强。适应性强。

（3）适栽地区和栽培要点。同黄山种。

5.福鼎大白茶 又名福鼎白毫、福大。原产于福建省福鼎市点头镇。国家级品种。无性系。小乔木型，中叶类，早生种（图3-2）。

（1）形态特征。植株较高大，树姿半开张，分枝较密。叶椭圆形，叶色绿，叶面稍隆起，叶身平或稍内折，叶尖钝尖，叶质中等。芽叶绿黄色、茸毛特多，一芽三叶百芽重63.0克。花冠直径3.7厘米，子房多毛，花柱3裂。

（2）生育特性。芽叶生育力强，发芽整齐，持嫩性强。发芽早，一芽二叶期在3月下旬到4月初。产量高，亩产200千克左右。春茶一芽二叶干样含氨基酸 4.0%、茶多酚 14.8%、儿茶素总量 10.6%、咖啡碱 3.3%。制毛峰茶，翠绿显毫，香气高爽具栗香，滋味鲜醇。亦适制红茶和白茶。制红茶，乌润显棕毫，汤色红艳，花香，味鲜醇。采单芽制成的"白毫银针"，色白如银，香味清爽；采一芽二叶制的"白牡丹"，白毫显露，香味纯正。扦插繁殖力强。抗寒和抗旱性均强。适应性强。

（3）适栽地区和栽培要点。选择土层深厚、有机质丰富的土壤栽培。采用单条或双条栽，单条栽每亩 4 000 株左右，双条栽每亩 6 000 株左右。进行 3 次定型修剪，第 1 次离地 15～20 厘米，第 2 次离地 30～35 厘米，第 3 次离地 45～50 厘米。春芽需预防倒春寒危害。连续采摘数年后，蓬面需及时轻修剪。常年冻害较重地区可用设施栽培。

图 3-2　2012 年种植在山东蓬莱望珠耩的福鼎大白茶

6. 舒茶早　由安徽省舒城县农业技术推广中心从舒城群体中采用单株育种法育成。国家级品种。无性系。灌木型，中叶类，早生种。

（1）形态特征。植株中等，树姿半开张，分枝较密。叶长椭圆形，叶色深绿，叶面隆起，叶身稍背卷，叶尖渐尖，叶质中等。芽叶淡绿色、茸毛中等，一芽三叶百芽重 58.2 克。花冠直径 3.2～5.1 厘米，子房多毛，花柱 3 裂。

（2）生育特性。芽叶生育力强，发芽整齐，持嫩性强。发芽早，一芽三叶期在 4 月上旬。产量高，亩产 180 千克左右。春茶一芽二叶干样含氨基酸 3.7%、茶多酚 14.3%、儿茶素总量 10.6%、咖啡碱 3.1%。制绿茶，色泽翠绿，有兰花香，滋味鲜醇回甘。扦插繁殖力强。抗寒和抗旱性均强。适应性强。

（3）适栽地区和栽培要点。同福鼎大白茶。

7. 碧香早　由湖南省农业科学院茶叶研究所以福鼎大白茶为母本，云南大叶茶为父本，采用人工杂交法育成。省审定品种。无性系。灌木型、中叶类、早生种（图3-3）。

（1）形态特征。植株中等，树姿半开张，分枝较密。叶长椭圆形，叶色绿，叶面隆起，叶身稍内折，叶尖渐尖，叶质中等。芽叶淡绿色、茸毛中等，一芽二叶百芽重18.1克。花冠直径3.5厘米，子房有毛，花柱3裂。

（2）生育特性。芽叶生育力强，持嫩性强。一芽二叶期在4月上旬。产量高，亩产200千克左右。春茶一芽二叶干样含氨基酸6.7%、茶多酚18.3%、儿茶素总量10.6%、咖啡碱4.7%。制绿茶，翠绿显毫，栗香高长，味浓爽。扦插繁殖力强。抗寒性强。适应性强。

（3）适栽地区和栽培要点。同福鼎大白茶。

图3-3 青岛万里江茶场碧香早茶园

8.中黄1号 原名天台黄茶。由中国农业科学院茶叶研究所、浙江天台九遮茶业有限公司和天台县林业特产局共同选育而成。登记品种。无性系。灌木型，中叶类，中生种（图3-4、图3-5、图3-6）。

（1）形态特征。植株中等偏小，树姿直立，分枝密。叶椭圆形，叶绿黄色，叶身稍内折，叶面微隆起，叶尖钝尖，叶质中等。全年芽叶均为黄色，第三四叶嫩黄色，主脉及叶片下部偏黄绿色，成熟叶及树冠下部和内部叶片黄化不明显，均呈绿色。芽叶茸毛少，一芽三叶百芽重23.4克。花冠直径2.4～2.6厘米，子房有毛，花柱3裂。是茶（*C.sinensis*）的变型（form，即形态有变异的零星个体，没有分布区）。

图 3-4　中黄 1 号新梢

图 3-5　黄叶茶制的毛峰茶

（2）生育特性。芽叶生育力较强，持嫩性中等。一芽二叶期在 4 月上旬。产量较高，亩产名优茶 10 ～ 15 千克。春茶一芽二叶生化样含茶多酚 15.8%、氨基酸 8.4%、咖啡碱 3.06%、儿茶素总量 9.7% 、EGCG4.55%。此外，茶氨酸、花青素和维生素 C 含量中等，唯叶绿素含量偏低。春茶一芽二叶制烘青绿茶，外形细嫩绿润透金黄，汤色嫩绿清澈，香气清鲜，滋味鲜爽，叶底嫩黄鲜艳；制扁形茶，外形黄绿光扁尖削，汤色嫩黄，香味鲜爽，叶底黄亮。夏秋茶采摘一芽二叶制红条茶，条索细紧乌润，稍有花香，滋味甜醇。扦插繁殖力强。耐寒性及耐旱性均强。

图 3-6　种植在青岛崂山的黄叶茶

（3）适栽地区和栽培要点。选择土层深厚、有机质丰富的土壤栽培。因树姿直立，采用 150 厘米行距、双行双株种植，小行距 35 厘米，丛距 35 厘米，每丛种 2 株，亩用苗量约 6 000 株；采用单行双株种植，行距 130 厘米，丛距 35 厘米，亩用苗量 4 000 株左右。茶树立体发芽性强，不宜养成采摘蓬面。越冬前和春茶前不宜修剪。基肥宜在 9 月底前施毕。其他同福鼎大白茶。

9.鲁茶 1 号　由山东省日照市茶叶科学研究所从引种的黄山种中采用单株育种法育成。推广品种。无性系。灌木型，中叶类，中生种（图 3-7）。

（1）形态特征。植株中等，树姿半开张，分枝较密，叶片上斜状着生。叶椭圆形，叶色绿，叶面隆起，叶尖钝尖，叶质厚。芽叶绿色，一芽一叶百芽重12.3克。

（2）生育特性。芽叶生育力强，持嫩性强。产量高，亩产100～140千克。春茶一芽二叶干样含氨基酸6.0%、茶多酚16.6%、咖啡碱2.5%。制绿茶，品质优良。扦插繁殖力强。抗寒性强。

（3）适栽地区和栽培要点。适宜山东等北方茶区栽培。采用双行双株规格种植，大行距120～130厘米，小行距30厘米，丛距20厘米，每丛种2株。其他同福鼎大白茶。

图3-7　鲁茶1号植株和苗（阚君杰　供图）

10. 北茶36　由山东省青岛职业学院从引种的黄山种中采用单株育种法育成。登记品种。无性系。灌木型，中叶类，早生种（图3-8）。

（1）形态特征。树姿半开张，叶片稍上斜状着生。叶椭圆形，叶面隆起，叶身稍背卷，叶尖渐尖，叶质厚软。芽叶绿黄色、较肥硕、茸毛特多，一芽三叶长7.2厘米。花中等大小，花柱3裂。

（2）生育特性。发芽特早，一芽一叶期在4月7日至11日，比引种的福鼎大白

图3-8　北茶36（张续周　供图）

茶早8天左右。育芽力强。产量较高。春茶一芽二叶干样含氨基酸3.9%、茶多酚19.1%、咖啡碱3.3%。春茶一芽二叶制烘青绿茶，肥嫩绿润显毫，有花香，滋味清鲜。用秋茶一芽三叶制工夫红茶，条索肥壮乌润显金毫，显玫瑰香，滋味甜润鲜爽。是红绿茶兼制品种，适合早春制名优绿茶、白茶，夏秋茶制红茶。适用扦插繁殖。抗寒、抗旱性较强。抗小贯小绿叶蝉强。

（3）适栽地区和栽培要点。适宜山东等北方茶区栽培。采用双行双株规格种植，大行距150厘米，小行距33厘米，丛距30厘米，每丛种2株。因发芽早，易受雪冻和晚霜危害，适宜用大棚等设施栽培，无设施栽培的需防倒春寒。

（二）扁形茶品种

1.龙井群体种　产于浙江省杭州市西湖区。推广品种。有性系。灌木型，中叶类，中生种。

（1）形态特征。植株适中，树姿半开张，分枝密。叶片多为椭圆和长椭圆形，少数卵圆形，叶多为绿、深绿色，叶面平或微隆起，叶身有平、内折、背卷等，叶尖渐尖、钝尖或锐尖，叶齿细密，叶质中等。芽叶较细小、绿或黄绿色、茸毛中等，一芽三叶百芽重30.2克。花冠直径3.2厘米，子房茸毛中等，花柱3裂。种子百粒重120.6克。

（2）生育特性。芽叶生育力强，持嫩性较强，耐采。一芽一叶盛期在4月上旬，产量较高，每亩产高档龙井茶10千克左右。春茶一芽二叶干样含氨基酸4.0%、茶多酚19.7%、儿茶素总量11.9%、咖啡碱3.4%。制龙井茶，香气浓郁饱满，滋味鲜醇甘爽。结实性强。抗寒和抗旱性均强。适应性强。

（3）适栽地区和栽培要点。易遭冻害和倒春寒危害以及土层较薄的地方，可用茶籽播种。单条播，行距1.4～1.5米，丛距33厘米，每穴播3～4粒，每亩用种量约12～15千克。

2.龙井43　由中国农业科学院茶叶研究所1960年从龙井群体中采用单株育种法育成。国家级品种。无性系。灌木型，中叶类，特早生种（图3-9）。

图3-9　龙井43

（1）形态特征。植株中等，树姿半开张，分枝密，叶片上斜状着生。叶椭圆形，叶色深绿，叶面平，叶身平稍内折，叶尖渐尖，叶齿密浅，叶质中等。芽叶纤细、绿稍黄色，春梢基部有淡红色点（花青武）、茸毛少，一芽三叶百芽重39.0克。花冠直径3.1厘米，花瓣6瓣、有红色斑块，子房茸毛中等，花柱3裂。

（2）生育特性。芽叶生育力强，发芽整齐，耐采摘，持嫩性较差。一芽一叶盛期在3月下旬到月底。产量高，每亩可产高档龙井茶10～15千克。春茶一芽二叶干样含茶多酚15.3%、氨基酸4.4%、咖啡碱2.8%。制高档西湖龙井茶，外形扁平光滑挺秀，色泽嫩绿，香气清幽孕兰，滋味鲜爽。扦插繁殖力强。移栽成活率高。抗寒性和适应性强。

（3）适栽地区和栽培要点。制扁形茶区。选择土层深厚、有机质丰富的土壤栽培。适宜单条或双条栽，单条栽每亩4 000株左右，双条栽每亩6 000株。进行3次定型修剪，第1次离地15～20厘米，第2次离地30～35厘米，第3次离地45～50厘米。需及时分批嫩采。春芽需预防倒春寒危害。连续采摘数年后，蓬面需及时轻修剪。注意防治茶炭疽病。

3.龙井长叶　由中国农业科学院茶叶研究所1962年从杭州狮峰群体种茶籽后代中选育而成。国家级品种。无性系。灌木型，中叶类、中生种。

（1）形态特征。植株中等，树姿较直立，分枝较密。中叶，叶长椭圆形，叶色淡绿，叶身平，叶面微隆起，叶质较软。芽叶淡绿色、茸毛中等。花冠直径3.0～3.3厘米，子房有毛，花柱3裂。

（2）生育特性。发芽期中等，一芽一叶盛期在4月上旬，芽叶持嫩性强。产量高，亩产高档龙井茶15千克左右。春茶一芽二叶干样含茶多酚10.7%、氨基酸5.8%、咖啡碱2.4%。制扁形绿茶，苗锋绿翠，香气清高，滋味嫩鲜。亦适制其他名优绿茶。扦插繁殖力强。抗寒性和适应性均强。

（3）适栽地区及栽培技术要点。制扁形茶区。及时防治小贯小绿叶蝉。其他同龙井43。

4.中茶108　由中国农业科学院茶叶研究所1986年用龙井43营养枝采用^{60}Co γ射线9.5戈瑞辐照后，从诱变单株中选育而成。国家级品种。无性系。灌木型，中叶类，特早生种（图3-10）。

图3-10　中茶108

（1）形态特征。植株中等，树姿半开张，分枝密。叶椭圆形，叶色绿，叶身稍内折，叶面微隆起，叶质中。芽叶纤细、淡黄绿色、茸毛较少，一芽三叶百芽重36.7克。花冠直径3.2～3.9厘米，子房有毛，花柱3裂。

（2）生育特性。发芽特早，一芽一叶盛期在3月中旬末或下旬初，芽叶持嫩性强。产量高，亩产高档龙井茶约15～20千克。春茶一芽二叶干样含茶多酚12.0%、氨基酸4.8%、咖啡碱2.6%。制扁形绿茶，外形挺秀尖削，色泽绿翠，香气高锐隽永，滋味清爽嫩鲜。亦适制其他名优绿茶。扦插繁殖力强。抗寒性和适应性强。

（3）适栽地区及栽培技术要点。扁形茶等绿茶区。其他同龙井43。

5.白叶1号　原名安吉白茶，2007年更名为"白叶1号"。推广品种。无性系。灌木型，中叶类，中偏晚生种（图3-11）。

图3-11　白叶1号新梢和冲泡茶

（1）品种概况。原产于西天目山麓海拔800米的浙江省安吉县山河乡大溪村横坑坞，是一自然变异株，已有200多年历史。1982年开始扦插繁殖，规模化种植后，迅速成为地方特色茶产业。现已引种到江苏、湖南、贵州、四川等省。

（2）形态特征。灌木型，树姿半开张，分枝较密。中（偏小）叶，叶长椭圆形，叶色浅绿，叶身稍内折，叶面微隆起，叶尖渐尖、上翘。春茶芽叶玉白色，叶脉隐绿，芽叶茸毛中等。花冠直径3.4厘米，子房少毛，花柱3裂。是茶的变型。

（3）生育特性。春茶发芽中等偏晚，一芽一叶盛期在4月上旬末或中旬初。芽叶生育力中等，持嫩性强，一芽三叶百芽重32.0克。产量较高，亩产高档龙井茶约7～10千克。春茶一芽二叶干样含氨基酸6.3%、茶多酚13.7%、咖啡碱2.3%。制龙井茶（白茶龙井），翠绿润黄，香气高锐，滋味嫩鲜，汤色鹅黄明亮，叶底玉白色，具很高的品饮价值。制毛峰形绿茶，外形纤秀，光亮翠润，香气清鲜，滋味鲜爽，汤色鹅黄，叶底莹薄透明。扦插和移栽成活率高。耐寒性强，抗高温和抗旱性较弱，易遭受日灼伤。

白叶1号是一个具有阶段性白化现象的温度敏感型突变体，即越冬芽在冬季需度过低温，春季日平均温度在23℃以下时新生芽叶才表现出白化现象，超过23℃就会返绿，因此，夏秋季生长的芽叶均为绿色。春茶芽叶白化主要原因，一是因叶绿体膜结构发育发生障碍，叶绿体退化解体，叶绿素合成受阻，质体膜上各种色素蛋白复合体缺失；二是生理上，由于RUBPcase-1，5-二磷酸核酮糖羧化酶的大小亚基含量及酶活性下降，同时伴随着蛋白质水解酶活性的升高，使可溶性蛋白质大量水解，导致游离氨基酸上升，再由于叶绿体缺失，光合作用减弱，糖合成的减少，导致茶多酚降低，造成高氨低酚现象（酚氨比2.17），所以最适合制绿茶。茶籽繁育的实生苗有30%～40%不出现白化现象，故必须用短穗扦插繁殖。

（4）适栽地区和栽培技术要点。扁形茶及绿茶区。越冬期间需要有个低温过程，所以山东等北方茶区都适合种植。宜选择缓坡山地（不宜种植在易积水的平地），土层深厚的沙壤土栽培。适用双行双株种植，每亩种6 000株左右，进行2～3次定型修剪。投产茶园隔3年左右进行一次深修剪。需较高的肥培管理，高温季节适当遮阳，防止日灼伤。及时防治小贯小绿叶蝉。

二、适制红茶抗寒品种

1.祁门种　见（一）毛峰（卷曲）形品种2.祁门种。

2.安徽3号　由安徽省农业科学院茶叶研究所1955年从祁门群体中采用单株育种法育成。国家级品种。无性系。灌木型，大叶类，中生（偏早）种。

（1）形态特征。植株中等，树姿半开张，分枝密。叶长椭圆形，叶色绿，叶身稍内折，叶面微隆起，叶尖渐尖，叶质较软。芽叶淡黄绿色、茸毛多，一芽三叶百芽重53.0克。花冠直径3.1厘米，子房有毛，花柱3裂。

（2）生育特性。芽叶生育力强，一芽三叶盛期在4月中旬。产量高，亩产130千克左右。春茶一芽二叶干样含茶多酚15.6%、氨基酸4.0%、咖啡碱3.1%。制红茶具有"祁红"蜜糖香特征。亦适制"水濂龙井""天柱剑毫"等名优绿茶。扦插繁殖力强。抗寒性强。适应性强。

（3）适栽地区及栽培技术要点。同黄山种、龙井43。

3. 杨树林783 由安徽省祁门县农业局1978年从祁门杨树林群体中采用单株育种法育成。国家级品种。无性系。灌木型，大叶类，晚生种。

（1）形态特征。植株中等，树姿半开张，分枝较密。叶椭圆形，叶色深绿，叶身稍内折，叶面微隆起，叶尖渐尖，叶质较软。芽叶黄绿色、茸毛中等，一芽三叶百芽重54.0克。花子房有毛，花柱3裂。

（2）生育特性。芽叶生育力强，一芽三叶盛期在4月下旬。产量中等，亩产50～60千克。春茶一芽二叶干样含茶多酚18.8%、氨基酸3.8%、咖啡碱3.2%。制红茶显玫瑰香，滋味甜醇爽口。亦适制名优绿茶。扦插繁殖力强。抗寒性强。适应性强。

（3）适栽地区及栽培技术要点。同黄山种、龙井43。

三、适制乌龙茶品种

1. 铁观音 又名魏饮种。原产福建省安溪县西坪镇松尧。国家级品种。无性系。灌木型，中叶类，晚生种。

（1）形态特征。植株中等，树姿开张，分枝较稀。叶椭圆形，叶色深绿，叶身平或稍背卷，叶面微隆起，叶尖渐尖，叶质较厚脆。芽叶绿带紫红色、茸毛少，一芽三叶百芽重60.5克。花冠直径3.0～3.3厘米，子房有毛，花柱3裂。

（2）生育特性。芽叶生育力较强，一芽二叶盛期在3月下旬至4月初。产量较高，亩产100千克以上。春茶一芽二叶干样含茶多酚17.4%、氨基酸4.7%、咖啡碱3.7%。制乌龙茶，外形重实砂绿油润，汤色金黄明亮，香气馥郁悠长，滋味醇厚回甘，有"七泡有余香"之说。扦插繁殖力较强。抗寒性和适应性均较强。

（3）适栽地区及栽培技术要点。乌龙茶产区。选择土层深厚、有机质丰富的土壤栽培。采用1.3米的大行距双行双株条栽，亩种5 000～6 000株。3次定型修剪。要及时分批多次采。常年有冻害地区宜用设施栽培。其他同龙井43。

2. 黄棪 又名黄金桂、黄旦。原产福建省安溪县虎邱镇罗岩美庄。国家级品种。无性系。小乔木型，中叶类，早生种。

（1）形态特征。植株中等，树姿较直立，分枝较密。叶椭圆形，叶色稍黄绿，叶身稍内折，叶面微隆起，叶尖渐尖，叶质较薄软。芽叶黄绿色、茸毛较少，一芽三叶百芽重59.0克。花冠直径2.7～3.2厘米，子房有毛，花柱3裂。

（2）生育特性。芽叶生育力较强，发芽密。一芽二叶期在3月上中旬。产量高，亩产150千克左右。春茶一芽二叶干样含茶多酚16.2%、氨基酸3.5%、咖啡碱3.6%。制乌龙茶因汤色金黄有桂花香，故称"黄金桂"，香气馥郁芬芳，滋味醇厚甘爽，有"未尝清甘味，先闻透天香"之说。亦适制红、绿茶，品质均优。扦插繁殖力较强。抗寒性和适应性较强。

（3）适栽地区及栽培技术要点。同铁观音。

3.金观音　又名茗科1号。由福建省农业科学院茶叶研究所于1978年以铁观音为母本、黄棪为父本，采用人工杂交法育成。国家级品种。无性系。灌木型，中叶类，早生种（图3-12）。

（1）形态特征。植株较高大，树姿半开张，分枝较密，叶片水平状着生。叶椭圆形，叶色深绿，叶身平，叶面隆起，叶尖渐尖。芽叶绿带紫红色、茸毛少，一芽三叶百芽重50.0克。花冠直径3.6厘米，子房有毛，花柱3裂。

（2）生育特性。芽叶生育力较强，发芽整

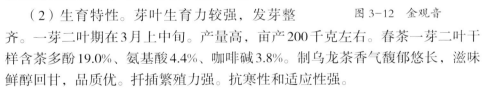

图3-12　金观音

齐。一芽二叶期在3月上中旬。产量高，亩产200千克左右。春茶一芽二叶干样含茶多酚19.0%、氨基酸4.4%、咖啡碱3.8%。制乌龙茶香气馥郁悠长，滋味鲜醇回甘，品质优。扦插繁殖力强。抗寒性和适应性强。

（3）适栽地区及栽培技术要点。同铁观音。

四、适制黄茶品种

黄茶基本工艺同绿茶，只是在加工过程中增加包闷工艺，使之形成黄汤黄叶特点，如君山银针，把初烘叶用牛皮纸包闷40～48小时。著名的黄茶有湖南君山银针、沩山白毛尖、四川蒙顶黄芽、浙江莫干黄芽、安徽霍山黄大茶、广东大叶青等。黄茶对品种无特殊要求，目前山东栽培的品种均可制作。

五、适制白茶品种

凡是春茶芽叶茸毛多、单芽长，一般都可制白茶。传统白茶产区用一芽一叶制成的白茶称白毫银针，用一芽二叶（芽叶等长）制的称白牡丹，用一芽二三叶制的称贡眉，用单片制的称寿眉。品种有福鼎大白茶、福鼎大毫茶、福建水仙、政和大白茶等。目前山东等北方地区适栽的白茶品种为福鼎大白茶和北茶36等。

六、适制黑茶品种

黑茶的品质特征主要是取决于加工工艺，与品种关系不大。除了普洱茶、沱茶用云南大叶茶品种外，其他黑茶都用中小叶群体品种。山东目前栽培的品种均可用来加工黑茶。

第二节　种苗繁育

茶树从单株或少量的个体扩大到一个种群，从而可进行规模化栽培，必须进行繁殖。主要方式有茶籽育苗和短穗扦插。

一、茶籽育苗

（一）采种母树的选择

选择符合要求性状相对一致的茶树采摘成熟饱满的茶籽。无性系品种如福鼎大白茶、鲁茶1号等必要时也可用茶籽繁育。一些白叶、黄叶等特异品种，因是隐性遗传，即种子苗不会全部呈现白化或黄化现象，不宜用茶籽育苗。

（二）茶籽采收与贮藏

茶果一般在霜降（10月下旬）前后10天成熟，茶果采收后铺于室内阴凉处约10～20天，果皮自然开裂，茶籽脱落。成熟茶籽呈黑色或棕褐色，有光泽、子叶饱满、呈乳白色。用来播种或收藏的茶籽需拣去果壳、蛀籽和瘪籽。

茶籽可以秋播或春播。北方茶区冬季有冻土层，适宜用春播。因此，不论是自产茶籽或是从南方调入的种子都必须妥善贮藏，否则影响发芽率。用来贮藏的茶籽含水率在30%左右。在5～7℃、相对湿度60%～65%环境下，可贮藏5～6个月。随着时间的延长，种子活力降低，一般过了夏季完全丧失发芽力。贮藏方法有：

1.沙藏法　将脱粒的茶籽适当拣剔后，堆成15～20厘米高的堆，放置于冬季温度不低于0℃的室内，上盖以半湿润沙（手捏成团，松手散开）。沙要不定期洒水。到播种时将茶籽筛出。

2.箱（篓、桶）藏法　用于少量茶籽贮藏。在容器底部铺一层细沙，按茶籽与沙1：1拌和放入，容器上部再放置约10厘米厚的沙和干草。贮藏期间要不定期检查，如沙泛白，要适度泼清水。

3.堆藏法　茶籽数量多时采用。在阴凉干燥的室内，地面铺3～4厘米厚细沙，再将茶籽与湿沙拌和后堆放成40厘米左右高的堆，上盖草保湿，堆中央插一通气管。不定期检查，如沙泛白，适度泼清水。

（三）浸种

播种前将茶籽浸在1：10的黄泥水中1～2天，将沉于盛器底下的粒粒饱满的茶籽取出用于播种，这样的种子用于育苗或直播不仅苗木健壮，而且形态特征相对一致。漂浮在水面的茶籽予以丢弃。

（四）播种

苗床育苗，苗床宽1米左右，长度不定，一般亩播茶籽60～70千克。适宜春播，即土壤化冻后播种。播种前茶籽先用温水浸种（见第四章第二节茶园建设）。开深3～4厘米的播种沟后将催过芽的茶籽撒播于沟内，籽粒间距2～3厘米，种子不要重叠。播后平整沟面，上盖草，以防茶籽外露失水干瘪。

（五）管理

茶籽一般在5月中下旬出苗。如果苗床已盖草的不需遮阳防晒，杂草需要及时拔除。7、8月高温期间不宜拔草，否则茶苗易被阳光灼伤。其他管理同短穗扦插法（见本节"二、短穗扦插育苗"）。

（六）起苗

茶籽苗可以秋栽或春栽。苗木质量参考表3-2扦插苗质量指标。起苗前如未降水，需将苗圃浇一次水。用锄或锹深挖，尽量不将主根铲断，以利成活。

二、短穗扦插育苗

这是无性系品种的主要繁殖方式。利用植物的器官、组织或细胞，在一定条件下可以像受精卵一样发育成再生植株，植物学上称之为"细胞全能性"。茶树正是利用这种特性，可以不依赖于有性生殖进行繁殖。由于没有经过两性过程，不存在染色体的重新配对，遗传的细胞学基础没有改变，故它的表现型世代都是一样的。由于茶树是异花授粉植物，无性系品种一旦用种子繁殖，下一代就会发生分离现象，重新表现出形态特征的多样性和不一致性，如前所述，白叶1号用茶籽育苗，有30%～40%的苗木没有白化现象。

不同品种在同一地区或同一品种在同一地区的不同年份、不同地块的育苗成活率、出圃率会有差异，这除了受制于自然条件外，与品种的繁育特性、扦插技术和管理措施等也都有着密切的关系。

（一）扦插苗圃的建设

1.苗圃地的选择　用作苗圃的地，地势要平坦，光照要充足，土壤pH在4.5～6.0，靠近水源，方便排灌，交通便利。

2.建苗床　先将苗圃地全面翻耕30厘米，有塥土层（犁土层）的要保留。前作是豆科或茄科作物的要提前10天翻耕晒垡或用5%克线磷颗粒剂稀释后喷施土壤，以预防根结线虫病。按畦面宽1.0～1.2米（土地利用率约在75%～80%）、高20～30厘米、畦距（沟宽）35～40厘米、畦长10～20米（一般不超过15米）做成畦坯，再在表层匀施腐熟饼肥250～267千克/亩（0.5千克/米^2），与本田土翻匀耙细，铺上10～12厘米厚粒径不大于6～8毫米的心土。沙性重的土壤，易漏水，心土最好取自于表土层25厘米以下或者较黏结的客土。心土铺后稍加压实，压后心土层厚5～7厘米，再按7～10厘米距离划出扦插痕线。苗圃地四周开深20～30厘米、宽30～40厘米的沟，以利雨季排水。

3.搭遮阳棚　按1.2～1.5米间距搭置遮阳棚。弧形棚架中高40厘米，平棚架高35～40厘米。低棚外层需再搭置高架平棚的，棚高在1.8～2.0米。遮阳物用遮光率为65%～80%的黑色市售遮阳网。采用工厂生产的固定钢架大棚，仍需要在大棚内按上述建立苗床和弧形遮阳棚（图3-13）。

图 3-13　小拱棚外搭置高架平棚

（二）穗条的培养

1.养穗母本园的建立　母本园又称母穗园、采穗园，即主要用于提供扦插穗条的无性系品种茶园。目前，多半是采叶茶园兼用作采穗园，即采一季茶后再养穗。母本园的建立需遵循下列要求：

（1）必须是单一的无性系品种，也即同一园地100%的茶树是同一品种。

（2）母本园的面积根据需要配置，一般按1亩母本园每次可供1.1 ～ 1.4亩苗圃用穗，如10亩苗圃，则需要有8亩左右的母本园。

（3）专用母本园要按高标准生产茶园开垦种植。为获取最高的穗条产量和延长采穗年限，用作建立母本园的园地尽可能选择地势平坦，土层深厚，土壤肥沃，交通方便的地方。

（4）加强病虫害防治。母本园营养生长旺盛，芽叶和穗条较幼嫩，易罹生病虫害，为防止病虫为害，造成穗条减产以及病虫随种苗向外蔓延，必须全过程注意病虫害的防治。剪穗前宜用波尔多液或甲基托布津等喷洒一次。

（5）更新复壮。经连续多年的穗条刈割，茶树生机遭受很大创伤，穗条质量会明显下降，必须及时将母株树冠进行改造。一般用台刈方法剪去老桩，并加强肥水管理。改造后需休养生息一年后再养穗采穗。

2.穗条的培育　健壮穗条繁育的苗木长势强，出圃率高，因此，培育好穗条是扦插的基础。一般亩产穗条为600 ～ 1 200千克，可插2.0 ～ 3.0亩苗圃，如每亩出圃合格苗18万株，可种植双行双株条栽茶园30亩左右。青壮年茶树重修剪后留养穗条，亩产穗条500～1 000千克，可插1.3～2.6亩苗圃。穗条培育的要点有：

（1）施肥。母本园由于每年剪取穗条带走大量的干物质，必须重施有机肥，配施磷钾肥。一般于9月中下旬施饼肥300～350千克/亩或厩肥2 000～2 500千克/亩，同时施入过磷酸钙30～40千克/亩、硫酸钾20～30千克/亩。第二年春茶发芽前30天左右施尿素20千克/亩，春茶结束蓬面修剪后再施尿素15千克/亩。

（2）修剪和摘顶。8—9月秋插的宜在春茶结束后将养穗树进行修剪。第一次养穗的距蓬面40～50厘米深处修剪，连年养穗的距蓬面20～30厘米修剪。在采穗前10天左右摘去顶端一芽三四叶或嫩梢，以促进枝条木质化。

（三）采穗和剪穗

1.穗条质量　按GB 11767—2003《茶树种苗》（表3-1）规定。

表3-1　茶树穗条质量指标

（GB 11767—2003）

类别	级别	品种纯度（%）	穗条可利用率（%）	穗条粗度（毫米）	穗条长度（厘米）
中小叶品种	I	100	≥ 65	≥ 3.0	≥ 50
	II	100	≥ 50	≥ 2.5	≥ 25

2.采穗时间　气温在30℃以下，全天可进行。如在高温期，宜在上午10时前或下午3时后剪穗，剪后即将穗条竖着堆放在阴凉潮湿处，并常洒水。堆放一般不超过2天。

3.剪穗　要选择茎皮红棕色或黄绿色腋芽饱满的健壮穗条，一般每千克穗条可剪插穗500～600个。短穗茎干长2.5～3.5厘米，具有饱满腋芽和完整叶片。剪口要光滑平整。

（四）扦插

1.扦插方法　扦插前一天将苗床土浇水湿润。用食指与拇指捏住插穗茎干斜插于划痕线上，以腋芽露出土面、母叶不贴地面为度，插后随即用食指揿实泥土。

2.扦插密度　行距8～10厘米，穗距2厘米，可插500～600穗/米^2，按土地有效利用率70%计，每亩苗圃实插470米^2，可插23万～28万穗。

（五）初期管理

1.浇水　旱地苗圃夏季扦插在插后30天左右，每天浇水1～2次，秋插每天浇水1次，以后可隔1～2天浇1次。水田苗圃采用沟灌，扦插初期，灌水深度以沟深的2/3为度，切不可大水漫灌，并注意及时排水。以后视土壤水分状况隔2～4天沟灌1次。待发根后，不论旱地或水田，3～5天浇灌1次，做到土壤不干不渍，相对含水率在80%左右。

2.越冬期保温保湿　越冬前全面喷1次石灰半量式波尔多液（每100千克水加0.3～0.35千克生石灰和0.6～0.7千克硫酸铜），以预防病害和延长短穗母叶寿命。一次性浇足水，并将棚架薄膜四周边缘埋入土中成密闭状态。有冰冻地区，可在棚架上空20～30厘米处再搭一棚架，覆盖遮阳网或薄膜，也可直接在原薄膜上再加盖一层遮阳网或草苫。如有平顶连体高棚，可在棚架四周围上网纱，背阴面亦可用草苫覆盖。当早春午间棚内温度高于30℃时，需打开薄膜两端通风换气3～4小时，下午3时左右及时封闭。

（六）生长期管理

1.揭膜炼苗　当春季日平均温度稳定通过8℃或10℃后，在无风向阳面将网纱和薄膜揭去，同时进行拔草和浇水，傍晚仍将薄膜盖上，连续7～10天后可全面撤去遮阳网。之后如遇晚霜，仍要临时覆盖薄膜或网纱。

2.除草施肥　待覆盖物全部揭去拔除杂草后，提前30天用饼肥1份、水10份放入池中充分沤熟，取沤肥水1份兑清水10份浇灌，亦可施稀释100倍的尿素液或复合肥液，次数视苗情而定，可每隔15～20天浇灌1次。在穗苗生长旺季，亦可土面撒施尿素，5～8千克/亩，施后即淋水。进入夏季高温期后不再施肥，起苗前1个月内也不再施肥催长。

3.水分管理　视降水情况适时浇灌或排水，尤高温干旱期隔2～3天必须浇灌一次，以畦面土壤不泛白为度。水田苗圃9月以后不再灌水，以搁田为主。

4.病虫防治　扦插苗常见的有蚜虫、卷叶蛾、茶小绿叶蝉、螨类、黑刺粉虱、根结线虫病、叶枯病等，需针对发生的病虫及时用农药防治（见第四章第五节茶树病虫害防治）。

（七）起苗

苗木达到1足龄后可以起苗移栽。扦插苗一般出圃率在60%～70%。在起苗前一天浇水，以湿润土壤。为方便包装运输，高于30厘米以上的枝叶可以剪去。

1.扦插苗质量指标　按GB 11767—2003《茶树种苗》（表3-2）规定。

表3-2　无性系品种1足龄扦插苗质量指标

（GB 11767—2003）

类别	级别	苗高（厘米）	茎粗（毫米）	侧根数（根）	品种纯度（%）
中小叶品种	I	≥ 30	≥ 3.0	≥ 3	100
	II	≥ 20	≥ 2.0	≥ 2	100

2.苗木质量检测方法

① 苗高：自苗根颈部测量至顶芽基部的长度。

② 茎粗：用游标卡尺等量具测量离根颈10厘米处的苗干直径。

③ 侧根数：从插穗基部愈伤组织处分化出的近似水平状生长、直径在1.5毫米以上根的总数。

④ 品种纯度：根据品种茶树主要特征特性，对苗木样株逐个进行观察，并按下式计算百分率：品种纯度＝本品种的苗木株数／（本品种的苗木株数+异品种的苗木株数）×100%

⑤ 苗木质量检测按以下比例抽样：

总株数	样株数
＜ 5 000	40
5 001 ～ 10 000	50
10 001 ～ 50 000	100
50 001 ～ 100 000	200
＞ 100 001	300

（八）苗木的包装运输和假植

起苗宜在栽种季节。检验和分级要在庇荫背风处进行。符合质量指标的苗木每50～100株扎成一捆，并挂上品种名称标签。需要运往异地的，要用箩筐盛装，做到透气保湿。长途运输，苗木根部可用泥水蘸根，四周用树叶、稻草等保湿，再用尼龙袋盛装。少量或珍贵苗木也可插于花泥中保湿。途中要用篷布等覆盖，防止风吹日晒和重压。苗木运到后应立即栽种或假植。

三、营养钵扦插育苗

营养钵扦插是用聚氯乙烯薄膜制成的圆筒袋做容器，装入营养土进行扦插育苗的方法。最适用于难发根的品种和特殊资源的扦插。优点是管理方便，遇到突发自然灾害可以及时避让，苗木生长健壮，根系发达，移栽时根系不易损伤，种植后恢复快，成活率高，尤适合北方地区采用。缺点是比较烦琐，花时费力（图3-14）。

图 3-14　营养钵茶苗

（一）营养钵制作

营养钵用塑料薄膜制成，钵体直径10厘米，高约20厘米，如果单株插，直径为7～8厘米。钵底为空漏式或开孔式。用预先配制的营养土填入营养钵体的2/3，边填边捣实。面层放扦插用壤土（通常是表层以下15厘米的心土）到与钵面齐平。放置在营养钵苗床上。

（二）建床槽

因营养钵的下部部分埋入土中，故在苗圃的适宜位置做床槽。一般床槽宽1～1.1米，深8～10厘米，长10～15米，挖出的土可供制营养土用。每亩苗圃可供放置直径10厘米的营养钵5万～6万个或8厘米直径的8万个（图3-5）。

图 3-15　营养钵扦插床槽

（三）营养土配制

一般用苗圃建床槽时挖出的壤土，土壤要疏松，颗粒匀齐，无砂砾，沙性不重，再用腐熟饼肥或有机肥500千克加磷肥10千克拌和，按每立方土6～8千克拌匀装入袋中。

（四）装土

为便于操作，可事先预制广口漏斗。把配制好的营养土通过漏斗倒入袋中。装满后稍做捣实，面层铺放4～5厘米的扦插土，最好是新壤土（未种过茶的生泥）。稍压平实。

（五）扦插

营养钵扦插方法与常规扦插一样，适宜在8至9月取红色或黄绿色半木质化嫩枝剪成长3～4厘米的插穗，穗上留有1张成熟叶和1个饱满的腋芽。直径10厘米的每个营养钵按"一"字形插3穗，穗距2厘米。直径7～8厘米的每个营养钵插1～2穗。垂直插入土中至叶柄上面2～3毫米处，然后将插穗周围土稍做揿实。

（六）管理

营养钵扦插的成活率关键同样是管理。

1.**保持湿度** 营养钵体积小，易失水，晴天每日浇水1～2次，阴天可隔日1次。待一个月后腋芽膨大，个别长出幼芽后可隔2天左右浇一次。苗床的空气相对湿度保持在80%左右。

2.**遮阳** 扦插后即用遮光率70%左右的遮阳网覆盖在高约80～100厘米的弧形小拱棚上，直到新梢长到6～10厘米时撤去。

3.**防治病害** 苗床扦插密度大，湿度大，通风较差，易生叶部病害，扦插后每月喷施1次石灰半量式波尔多液。

4.**适施追肥** 营养钵土壤营养元素有限，扦插苗培育全程要追肥5～7次，以稀薄畜粪液肥最好，后期也可用10%浓度的氮肥如尿素等浇施，以促进营养生长。

5.**防寒越冬** 同扦插苗圃。

四、出国（境）苗木的处理

凡是提供给国外或境外的种苗必须办理以下事项：

1.按照农业农村部发布的向国外交换的三类品种情况对提供品种进行审核，凡符合可以对国外交换的和有条件对国外交换的品种才可以出口（境）。品种要报省级种子管理部门审批。

2.出圃前一个月对苗木进行病虫防治，用甲基托布津等喷洒1次。并由检疫单位出具检疫证明再向海关申报。

3.茶苗根部的泥沙必须用水冲洗干净，不可夹带泥土。然后再用脱脂棉、花泥等保湿物将根部包扎盛入尼龙袋中，装入开有小孔的木箱或纸箱中运输。

第四章 无公害茶园建设和栽培管理

农业农村部提出的实施无公害食品行动计划，即"从土地到餐桌的全过程实行安全质量控制"，无公害茶就是在这一背景下提出和实施的。从常规茶生产到无公害茶生产比较容易流转：一是病虫防治较易进行，只要严格执行国家规定的禁止使用的高毒农药，使用高效低毒农药和生物农药，农药残留量不超标，就可生产出合格产品；二是在施用有机肥的基础上，允许适量使用化肥（尤其是氮肥），能够获得高产优质。所以无公害茶生产，既保证了产品优质安全，又保障了种植者的利益，兼顾了社会、经济和生态效益。表4-1是GB 2763—2016无公害茶叶检出限量值。

表 4-1　茶叶中铅和农药残留及大肠菌群检出限量值

项目	GB 2763—2016（毫克 / 千克）	项目	GB 2763—2016（毫克 / 千克）
铅	5	吡虫啉	0.5
虫螨腈	20	六六六	0.2
氟氯氰菊酯	1	氰戊菊酯	0.1
茚虫威	5	DDT	限用或禁用
联苯菊酯	5	丁硫克百威	禁用
甲氰菊酯	5	乙酰甲胺磷	禁用
多菌灵	5	氧化乐果	禁用
敌百虫	2	草甘膦	1
杀螟硫磷	0.5	草铵膦	0.5
三氯杀螨醇	0.2	百草枯	限用或禁用
每 100 克大肠菌群	≤ 300 个		

第一节　园地选择与规划

一、园地选择

茶树经济栽培年限从数十年到上百年。年复一年的采摘和修剪对茶树是一种不断的创伤，所以要想获得持续优质高产，新建茶园的园地选择和土地规划是一项重要的基础工作。按照第二章关于茶树栽培对自然条件的要求，园地选择应遵循以下几个方面。

（一）地形地势

地形指的是地表的相对高差，一般平坡地不超过20米，山坡地不超过100米。新建茶园尽量选择地势较平坦、坡度在5°～25°的山坡地。25°以上的坡地不宜种茶，保留原有植被。山脚地和水库、湖泊下方易遭湿害也不宜选用。

（二）环境条件

由于茶叶有不经洗涤直接加工和饮用的特殊性，所以园地应尽量避开粮地、果园以及公路主干道等，以免遭农药漂移和车辆尾气污染。目前空气污染源主要是交通、工业污染和生活污染源等。新建茶园周围及种茶地块空气指标至少要达到《GB 3095—2012 环境空气质量标准》中的二级标准（表4-2、表4-3）方能符合要求。

表 4-2　环境空气污染物基本项目浓度限值

序号	污染物项目	平均时间	浓度限值		单位
			一级	二级	
1	二氧化硫（SO_2）	年平均	20	60	微克／米³
		24 小时平均	50	150	
		1 小时平均	150	500	
2	二氧化氮（NO_2）	年平均	40	40	
		24 小时平均	80	80	
		1 小时平均	200	200	
3	一氧化碳（CO）	24 小时平均	4	4	毫克／米³
		1 小时平均	10	10	
4	臭氧（O_3）	日最大 8 小时平均	100	160	微克／米³
		1 小时平均	160	200	
5	颗粒物 ≤ 10 微米	年平均	40	70	
		24 小时平均	50	150	
6	颗粒物 ≤ 2.5 微米	年平均	15	35	
		24 小时平均	35	75	

表 4-3 环境空气污染物其他项目浓度限值

序号	污染物项目	平均时间	浓度限值		单位
			一级	二级	
1	总悬浮颗粒物（TSP）	年平均	80	200	微克／米³
		24 小时平均	120	300	
2	氮氧化物（NOx）	年平均	50	50	
		24 小时平均	100	100	
		1 小时平均	250	250	
3	铅（pb）	年平均	0.5	0.5	
		季平均	1	1	
4	苯并（a）芘(Bap)	年平均	15	35	
		24 小时平均	35	75	

无公害茶园灌溉水各项污染物的浓度限值见表4-4。

表 4-4 无公害茶园灌溉水各项污染物的浓度限值

单位：毫克／升

项目	限值	项目	限值
pH	5.5～7.5	六价铬	≤ 0.1
总汞	≤ 0.001	氰化物	≤ 0.5
总镉	≤ 0.005	氯化物	≤ 250
总砷	≤ 0.1	氟化物	≤ 2.0
总铅	≤ 0.1	石油类	≤ 10

新建茶园不要片面追求集中成片，有岩层裸露或者土层较瘠薄、偏碱性的土壤不宜用来建园。建新茶园用地要符合相关的土地使用法律法规，不得擅自征用开垦。

（三）土壤

建园地土层厚度要求在80厘米以上，土层内无石塥、无渍水，土壤pH4.0～6.0，自然肥力较高，以沙质壤土和轻黏土最好。底层有碎砾石，有利于排水透气（土壤质量标准见第二章表2-4和表2-5）。根据《GB 15618—

2018土壤环境质量》（表4-5）的要求，新建茶园土壤中的镉、汞、砷、铜、铅、铬、镍等重金属需要进行检测，以便从源头上保证产品的安全性。

表 4-5　无公害茶园土壤环境质量标准

单位：毫克/千克

项目	镉	汞	砷	铅	铬	铜
浓度限值	≤ 30	≤ 0.30	≤ 40	≤ 250	≤ 150	≤ 150

二、园地规划

园地规划要遵循合理利用土地、方便田间作业的原则。规划和建设应有利于水土保持和改善生态环境，维护茶园生态平衡，发挥茶树良种种性，便于茶园灌溉和机械化作业等。规划前最好备有1 000～2 000倍的地形图，根据地形图先做出规划图，然后再现场布置。

面积较大的茶场要划分区、块。区可以10～20亩，块一般在10亩以下，按照地形划分成大小不等的作业区，便于对茶园各地块进行定额管理。如地势地形条件差异小的，地块规划成长方形或近长方形，茶行长度设计44米、行距1.5米，每亩共长444米，每茶行相当于0.1亩。亦可茶行长度66米，行距1.5米，1茶行正好0.15亩，这样便于计算产量、用工，以及肥料、农药等投入量，便于数字化管理。相邻地块的茶行布置方向和规格最好一致，以减少作业机械的调头次数。一般以10亩左右为宜。

面积较大的园区，除了茶园以外，还应该具有绿化区、茶叶加工区、生活区等。观光茶园要有足够面积的休闲接待区和体验区。不同功能区块的布置都应在园地规划时加以综合考虑。

（一）道路设置

道路设置既要便于园间管理、采茶作业和物质运输，又要尽量缩短距离，少占园地面积。根据茶园的规模、地形、地势等情况，建立相应的主干道、支道、步道、地头道和环园道，并道道互通。一般以支道分隔茶园区块，以步道分隔茶园亩块。坡度较小的山地干道和支道尽量设置在坡顶，坡度大的则设在坡脚。不论支道或步道都要建成S形，避免直上直下。为保证土地有效利用率，道路总面积不得超过茶园土地面积的5%。

1.主干道 是茶园的交通要道,与外部公路衔接,并连接各生产区。一般路面宽8～9米,纵坡小于6°(即坡比不超过10%),转弯处的曲率半径不小于15米,可供2辆货车对向行驶。

2.支道 根据地形地势和茶园面积大小设置,作为茶园划区分片的界线。一般宽度为4～5米,纵坡小于8°(即坡比不超过14%),转弯处曲率半径不小于10米,是园区内运输和机具行驶的主要道路,可供一辆车行驶,与主干道连接。面积较小的茶园,可不设立主干道,支道就作为园区的主干道。

3.步道 又称操作道,是从主干道或支道通向茶园的道路,供作业人员行走,一般与茶行垂直,路面宽1.5～2米,纵坡小于15°(即坡比不超过27%)。如果茶行行距是1.5米,总长444米,正好为1亩。可以相隔44米或66米设置一步道。

4.地头道 主要供茶园机械调头用,设在茶行两端,路面宽度视机具而定,大型机械需要5～6米,小型机械2～3米。如主干道、支道或操作道可供利用的,则适当加宽即可。

5.环园道 设置在茶园四周的道路,宽1.5米左右,是茶园与周边农地、山林等的分隔带。

(二)排灌沟渠设置

包括蓄水、排水和供水。水利设施既要考虑降水能蓄,涝时能排,缺水能灌,又要尽量减少和避免表土流失。根据排蓄兼顾的原则,需要建隔离沟、纵沟、横沟、沉沙坑、蓄水池等设施。结合道路设计时统一规划,把沟、渠、塘、池、库及水利设施联结一起(图4-1)。

图4-1 淄博博山区赵庄茶园输水管道(1972年摄)

1.隔离沟 又称截洪沟,设在山地茶园与林地交界处的上方,以隔绝山坡的雨水径流,减少茶园土壤冲刷,还可防止树根、杂草等侵入茶园。隔离沟一般深50～80厘米,宽40～60厘米,水平横向设置,两端与沟渠相连,以利排水入蓄水塘堰。

2.纵水沟 纵水沟用以排除茶园中多余的水。修筑时要顺坡向沿茶园操作道两侧开挖，与横水沟相连接。通常沟宽40～50厘米，深20～30厘米。沟要迂回曲折，避免直上直下。坡度较大的地方开成梯级纵沟，以减缓水势，防止冲刷。

3.横水沟 横水沟主要用于蓄积雨水，滋润茶园土壤。横水沟要与茶行平行，与纵沟相连，以便将雨水排入纵沟。梯地茶园的梯地内侧开1条沟宽30厘米、深20厘米左右的沟。坡度5°以上的坡地茶园，每隔10米左右开1条，坡度5°以下的平地茶园，视地形、地势状况因地制宜设置。坡地茶园山腰设有横向操作道的，路的上方设立横水沟，并以此为起点，向上向下按一定距离建横水沟，形成沟渠网。

4.沉沙坑 又称"竹节沟""鱼鳞坑"，起到减缓水流速度，沉接泥沙，防止泥沙堵塞沟渠作用。坡度陡、水量大、土质疏松的茶园，应多挖一些沉沙坑。雨后要及时清淤返园。

5.蓄水池 供茶园灌溉、施肥、施药之用。根据地形和茶园面积，每5～10亩设一蓄水池。干旱较严重或常年缺水的地区，每30～40亩茶园建一座30～40米³的蓄水池，池深2～3米。建园时原有山塘、水池要尽量保留。配置喷灌设施的茶园，要对山塘、水池储水量进行计算，确保干旱季节有足够的水量满足浇灌之用。可以就近利用水库水的茶园可不另建蓄水池。

地下水位高的茶园，要设置明沟或暗沟，明沟沟深超过1米，暗沟建在1米以下，可用多孔砖或石块砌成，在沟底铺上卵石或碎砖，起到隔离地下水和排除渍水的作用。

（三）种植防护林

茶树是耐阴植物。茶园内种植树木，历来有之，宋代《大观茶论》（1107）载："植茶之地崖必阳，圃必阴……今圃家皆植木，以资茶之阴。"说明茶园因地制宜种植一些林木，既可改善小气候，保持水土，又能打造茶园景观。

以防御冻害为主要目的的防护林，种植在茶园周边、陡坡、山顶、山脊和山岙风口。防护林的防护效果一般为林带高度的5～10倍。防护林可提高茶园小环境相对湿度10%左右，地面蒸发量减少20%～30%，冬季距防护林带10米处可提高温度3℃左右，距40米处提高2℃左右。据郭见早等测定，距林带树高20倍处平均风速可降低38%（表4-6）。

表4-6　乔灌木混交防护林与风速的关系
（郭见早等，2004）

距林带距离／树高倍数	风速降低程度／%
1	96
3	84
5	78
7	74
10	60
20	38

　　适合北方茶园种植的防护林树种，既要有防风效果，又要没有与茶树共生的病虫害，如有的树种病虫害如刺蛾、蚧壳虫、黑煤病等与茶树相同，增加了茶树患此类病虫害的风险。防护林树根系分泌物或落叶要对茶树无毒副作用，如针叶林的松柏树落叶会增加土壤碱性，对茶树不利。适宜树种有蜀桧、红叶石楠、黑松、侧柏等。防护林设计，如树高6米，可按30～60米距离安排主林带，栽乔木型树种1～2行，行距2～3米，株距1.0～1.5米，前后交错成三角形，两旁栽灌木型树种1～2行。

　　日照茶区比较成功的做法是，在茶园四周外围距茶树2米左右种3行黑松，行株距为2.0米×3.0米，黑松内侧再种3行侧柏，行株距为2.0米×1.5米，形成乔灌木混交的主林带。从北面主林带向南50～60米，用相同行株距建1行黑松2行侧柏的副林带。另外，在主干道两侧再种植1行黑松和2行侧柏（行株距同主林带），支道两侧种2行侧柏，行株距为2.0米×1.5米。这样整块茶园形成纵横交错的防护林网。

　　日照御海湾茶园是建在近海滩的茶园，距黄海200多米，可谓是"海岸茶园"，茶园地势平坦，毫无自然屏障阻隔大风。针对这一特殊的环境条件，建园同时就在茶园周围种植防护林，几十年来取得了明显的效果，不仅茶树生长茂盛，而且从未发生过冻害，且春茶比没有防风林的茶园提早3～5天开采（图4-2）。

图 4-2　日照御海湾茶园防护林

（四）种植景观树

在茶园道路、沟渠及建筑物周边以及一些不宜种植茶树的陡坡地、山顶、山脊等地，种植观赏或有经济价值的树木，如樱花、红枫、银杏等。既调节了小气候，美化了环境，还为搞茶旅一体化创造了条件。景观树树冠不宜过大，株数不可过密，每亩宜种5～8株，树冠要高出地面2.5米，这样不影响茶树的生长和茶园管理。景观树待茶树长到50厘米左右高时再种植，也可与茶苗同时栽种（详见第八章第四节彩色树种种植）。

第二节　茶园建设

茶园建设是百年大计，必须高质量实施。包括园地土壤开垦，梯地建筑，茶苗种植，苗期管理等。

一、园地开垦

园地开垦是茶园建设的最基础工作，质量好坏关系到茶园是否能持续优质高产和茶树安全越冬。

（一）地面清理

开垦前根据规划先全面清理园区内的树木、杂草、树根、石块、坟茔等。尽量保存原有道路和沟渠两旁已有的树木植被。清理的石块和树根深埋于土层1米以下。坟茔迁移时，需将砖块、石碴、土壤全部清理干净，并撒施硫黄粉或硫酸亚铁，以调整土壤酸度。

（二）平地与缓坡地开垦

在地面全面清理的基础上，平地茶园按规划的茶行进行园地开垦。15°以下的缓坡地，沿等高线横向茶行开挖。如果坡面不规则，则按"大弯随势，小弯取直"的要求开垦，以使坡面相对一致。开垦一年四季均可进行，以夏季、冬季效果最好，可以利用夏季的烈日暴晒或冬季的冰冻加快土壤风化。对局部凹凸地块挖高填低时，不可把高处的表土尽数挖至低处，要先把高处的表土移开后再挖心土，然后再回填表土。

面积较大的茶园可使用挖掘机作业。挖掘机初垦具有深浅一致、进度快的优点，但要防止漏耕。机垦地块在茶树种植前需要进行人工复垦，复垦深度30～40厘米，把土壤整平、耙细，清除树根、草根、石块等杂物，以便开种植沟。

在表土层浅薄、心土层又很贫瘠的低丘山地开垦茶园，可采用抽槽换土法，即把种植沟的心土全部挖出沟槽，再在槽内施入有机肥、磷肥和行间自然肥力较高的表土，然后在槽内铺上挖出的心土。抽槽换土方法，也可在茶苗成活后再对行间土壤进行逐条分层深翻（图4-3）。

图4-3　蒙阴黄崖村开石建茶园（1973年摄）

（三）陡坡梯级地开垦

在15°～25°的陡坡地开垦茶园，必须考虑到水土流失。根据地形情况，可建宽幅或窄幅梯地茶园（图4-4）。

图4-4　莒南石汪村在甲子山建窄幅梯地茶
　　　　园（1973年摄）

1.梯地规格　等高水平梯地，梯面宽度最好大致相等。在坡度不一、等高和等宽难以兼顾情况下，要先做到等高，适当照顾等宽。地形复杂地段，梯面宽度随坡度而定，一般种植1行要求宽达到2米左右，种2行要达到3米以上，坡度最陡的地段不得小于1.5米。梯壁不宜过高，尽量控制在1米之内，不超过1.5米。土坎梯壁保持60°～70°的倾斜度，石坎梯壁为80°～90°。梯面外高内低，倾斜2°～3°，两边呈0.2～0.4米的高差，这样做到外埂内沟，梯梯接路，沟沟相通，可最大限度地保持水土。

2.测等高线　高度相等的点连接起来形成的线称为等高线。根据园地的土层深度、砌坎材料和山地坡度，定出合理的梯宽与梯高，并确定第一条等高线为基线。地面坡度和等高线测量可采用专用仪器，也可以用"步弓"或简易三角架测定器测定，然后由有经验的技术人员目测修正（图4-5、图4-6）。

3.筑梯地　修筑梯壁和整理梯面。梯壁材料可以用土坯和石块。用土坯，简易省工，但牢固度较差。石块梯壁成本较高，但保持水土好，梯壁牢固，减少后期养护。修筑石坎内斜80°左右，梯壁要干砌，以利透水透气，不可用水泥浆砌封，否则影响茶树生长。土坎不宜太高，一般在1～1.5米，向内倾斜75°左右。

新建茶园若出现下陷、渍水等情况，要及时修理平整，防止梯壁崩塌，也可减轻对梯壁的侵袭。时间久后如遇梯面内高外低，要将内侧泥土用来加高梯面外沿。

图 4-5　三角架测定等高线

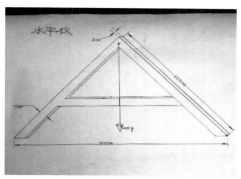

图 4-6　测量等高线的三角架（王立　供图）

（四）熟地开垦

熟地开垦一是指旧、老茶园换种改植，二是前作为果园、菜园等改建茶园。

1.旧、老茶园换种改植　主要是连作障碍对茶树的影响。连作障碍也叫忌地残毒，是指在同一地块连续多年种植同一种作物，导致后作作物生长、发育阻滞其至出现早衰、死亡的现象。主要原因是由于多年种植同一种植物，造成一是土壤营养不良，因每种植物对土壤营养元素的需要都相对专一，这样使同类元素大量减少，另一些元素又大量积累，造成土壤元素失衡，使新种作物不能适应这样的土壤环境；二是根系分泌物过量积累，如草酸、琥珀酸、苹果酸、柠檬酸等有机酸，改变了土壤元素循环和根际微生物种类，有的前作根系分泌物含有毒性，对后作有害；三是前作是花生、大豆等豆科作物会残留线虫和病原菌，最常见的有根结线虫病、根癌病等。

茶树是对连作障碍比较敏感的，需用有效措施进行应对：一是深翻土壤，老茶树挖掉后，清除土壤中残留枝叶根茎，防止残留物对新种茶树危害。深翻土壤，还能使表土和底土混合，降低病原微生物的基数；二是种植沟内填入生荒地土壤，此类土壤 pH 低、无污染，透水性好；三是进行土壤消毒，可用托布津、多菌灵、杀线虫剂等消毒；四是土壤休闲和轮作一季或一年，在休闲期间，可种植花生、黄豆等豆科作物，增加土壤有机质。

2.果园、菜园等旱地改植　除了要按茶树种植要求进行土壤深翻外，主要是进行土壤消毒。

对"熟地开垦"需要进行：①原有老茶树连根带枝全部清除出园，再将土壤深翻30～40厘米，深翻前将原有种植行做好标记。②新开的种植沟尽量避开（错开）老的种植行，沟底铺施腐熟过的秸秆、土杂肥或有机肥，上盖部分心土后再用托布津、多菌灵、杀线虫剂等进行土壤消毒。③如果附近有客土来源（最好是酸性黄褐土、沙壤土等），且运输方便，可将客土填入种植沟内，这是小范围内的"换土"，对付连作障碍效果很好（图4-7）。

图4-7　种植沟换土

二、品种选用

根据北方的自然条件和气候特点以及消费者的口感要求，在品种选用上应掌握以下几方面。

（一）适制品种

所制茶符合目前已经定型或有一定知名度品牌特征，最基本的是醇厚度高，滋味浓厚鲜爽。多茶类产区选择兼制性强或适宜制多种茶的品种，如春茶制绿茶、白茶，夏秋茶制红茶或乌龙茶等。也可用特异品种试制特种茶。

（二）有性系品种作为主栽品种

有性系品种根深叶茂，抗御自然灾害尤其是抗冻害力较强，此外经济栽培年限也较久。当然，小环境较好的区块或用设施栽培的也可种植无性系品种，但比例一般不大于10%～20%。

（三）早中晚生品种合理搭配

在适应自然条件和适制茶类的前提下，早、中、晚品种需要合理搭配，一是可以调节春茶生产的洪峰，缓解劳力、设备的压力；二是在一定程度上可避免单一品种易突然爆发的病虫害；三是可减少因倒春寒所造成的"全军覆没"，保证最大限度的产量和收益。早、中、晚生品种的配置比例为3：4：3（具体品种参照第三章第一节品种的选用）。

三、茶苗种植

（一）茶行设定

茶行长度随地而定。茶行宽度，不论双行或单行种植一般在1.3～1.5米。梯地茶园随梯地因地制宜，窄幅梯地茶园茶行离地坎边距离3/5左右。

（二）开种植沟

开种植沟是非常重要的基础工作。在土地全面开垦的基础上，要求单行种植沟沟底宽30厘米、沟深40厘米、沟面宽40厘米。双行种植沟沟底宽40厘米、沟深40厘米、沟面宽40～50厘米。开种植沟时，先将第一种植沟的表土取出堆于沟的下侧，沟底每亩施入2 000～3 000千克有机肥或300～500千克腐熟饼肥。然后将第一沟与第二沟之间约10～20厘米厚的表土腐质土铲起填入第一沟中，填到沟深约2/3，上面再每亩撒施过磷酸钙肥100～150千克，然后将挖起的表土回填到与地表平整。接着开挖第二条种植沟，依此照样（图4-8）。

图4-8　五莲叩官南回头挖种植沟（1973年摄）

（三）行株距和种植密度

平地和缓坡地茶园宜双行多株种植，这样既可提早成园，又能适应机械作业。大行距1.3～1.5米，小行距30厘米，丛距30～40厘米，每丛2～3株，每亩种苗4 500～6 700株。陡坡狭幅茶园宜单行双株种植，行距为1.3～1.5米，丛距25～33厘米，每丛种2～3株，每亩苗数4 000～6 000株。

（四）播种和苗木栽种

1.茶籽直播　将茶籽按株行距直接播种在地里的种植方式叫直播，分秋播和春播。北方茶区冬季干冷，适宜春播，在土壤化冻后播种。播种前先进行催芽，方法是先把细沙洗净，用0.1%的高锰酸钾消毒，再将茶籽盛放于沙中，厚度为6～10厘米，放在温室或大棚内，温度保持20～30℃，每日用温水淋洒1～2次，经15～20天，当有40%～50%茶籽露出胚根时，即可选出播种（图4-9、图4-10）。

图4-9　蒙阴黄崖庄用土温床进行茶籽催芽（1973年摄）　图4-10　荣成王家庄播种催过芽的茶籽（1972年摄）

　　春季多干风，土壤墒情比较差，土壤相对含水率不到30%，再加蒸发量大，为避免茶籽中的水分大量散失，影响成活率，播种时可在播种穴上方堆一高约10～15厘米的馒头形土包，到出苗时再分几次推土耙平。这一"南茶北引"初期所创造的"堆土保墒"法，简单有效（图4-11）。

　　亦可在播种行盖地膜保墒，待茶籽快要破土出苗时，在播种穴处将膜划开，让幼苗长出，再插枝（秸秆）遮阳（图4-12）。

图4-11　乳山禺家村茶籽堆土保墒（1973年摄）　图4-12　蒙阴垛庄叶家沟将茶籽堆土耙平插枝遮阳（1973年摄）

　　茶籽播种的行丛距规格与栽苗一样。按照设定的丛距，每丛播3～4粒茶籽，粒距1.5～2.0厘米，每亩茶籽用量在8～10千克。茶籽播种深度3厘米左右。播种深浅对茶苗生长有很大影响，过深幼苗出土晚，恰遇夏季高温干旱季节，刚露出地面的幼苗易受日光灼伤。播种过浅，茶籽易露出地面，同样会受到旱热的影响，降低出苗率。多余茶籽播在地边孔隙地，以备补苗用。播后一般在5月底6月初陆续出苗，6月下旬齐苗。幼苗周围的杂草要及时拔去。7、8月高温季节不宜拔草，草有遮阳作用，拔草反而会使茶苗灼伤。

2.茶苗种植 适宜的种苗时间宜在解冻后的4月上中旬。有设施栽培条件的也可秋栽，秋栽的茶苗根系在冬季可得到恢复并长出部分新根，开春后地上部即能发芽生长，比春栽早半年到一年成龄投产，所以有条件地方尽可能秋栽。

晴天在早上和傍晚移栽，阴天和小雨天可全天进行，大雨天不栽。以1足龄茶苗最好。每丛茶苗规格尽量一致，不要同一丛大小苗搭配栽。移栽前一天先将苗圃浇1次水，这样有利于起苗时少伤根多带土。要随起随种，有利于移栽成活。种时，单行种植的在种植沟的中心线开一条深10～15厘米的浅沟，沟土堆于外侧，栽苗人蹲在内侧，手捏住茶苗根颈部沿种植沟内壁放于沟内，根系要自然舒展，然后将堆于外侧的土壅在根部，轻轻压实，茶苗扶正对齐后再将土培到茶苗根颈处。栽苗切忌过深或过浅，前者易造成蹲苗（不发棵），后者易造成根系外露，影响成活，所以培土到根颈处是恰到好处。种子苗如主根太长可适当剪去。双行栽种要开两条种植沟，栽苗方法与单行种植相同。非雨天种植需立即浇定根水，这一是让根系与土壤贴实，二是防止茶苗缺水干枯。茶苗移栽后，即离地15～20厘米进行第一次定型修剪，这样可减少苗木水分蒸发，有利于成活。有条件的在行间铺上未结种子的杂草、稻草、秸秆等，以保持土壤水分。移栽后如连续晴天，需隔3～4天浇一次水，水要浇透。每隔10行左右在行间用同样方法种植1行备用苗，用于缺株补苗（图4-13）。

图4-13 种植后浇定根水和定型修剪（郑旭霞 供图）

第三节 幼龄茶园管理

不论是实生苗或扦插苗，根系浅，吸收根少，吸水吸肥力弱，最易遭受旱害和冻害，所以必须重视苗期管理，才能保证苗齐苗旺，早日投产。

一、抗旱保苗

茶苗移栽后，根系还未完全扎根于土中，只能从土壤中吸收少量水分，因此早期的抗旱保苗愈发重要。主要措施有以下几方面。

（一）灌溉

在栽苗时浇好定根水后，以后不定期视土壤水分状况浇灌水。茶苗返青后（已冒出新芽），可待表土泛白时浇灌。进入旱季要经常浇水，但次数过多或者一次量太多会造成潴水，对茶苗生长不利，一般土壤相对含水率维持在65%～70%较好。幼龄茶园最好的浇灌方式是滴灌，与地面灌溉相比，可节水80%～85%。将水加压、过滤，经各级管道和器具将水灌注于茶树根际附近，可随时进行，还可以与施肥结合。喷灌也是较理想的灌溉方式，与地面漫灌相比，节水50%～60%，但投资与能耗较大。水源丰富的，可实行沟灌，但不宜大水漫灌。不论何种方式，只要保持土壤湿润就可。灌溉宜在早晨或傍晚进行。

茶园灌溉用水水质要达到《GB 5084—2005农田灌溉水质标准》(表4-7)，其中的pH要控制在7.0以下。如果工业废水或其他污水污染了茶园水体，通过灌溉、喷洒会渗透到茶园中，从而污染茶园土壤。

表4-7　茶园灌溉用水水质基本控制项目标准

（GB 5084—2005）

序号	项目类别	浓度限值
1	5 日生化需氧量／(毫克／升)	≤ 100
2	化学需氧量／(毫克／升)	≤ 200

（续）

序号	项目类别	浓度限值
3	悬浮物 /（毫克 / 升）	≤ 100
4	阴离子表面活性剂 /（毫克 / 升）	≤ 8
5	水温 /℃	≤ 35
6	pH	5.5 ～ 8.5
7	全盐量 /（毫克 / 升）	≤ 1 000（非盐碱土地区）
8	氯化物 /（毫克 / 升）	≤ 350
9	硫化物 /（毫克 / 升）	≤ 1
10	总汞 /（毫克 / 升）	≤ 0.001
11	镉 /（毫克 / 升）	≤ 0.01
12	总砷 /（毫克 / 升）	≤ 0.1
13	铬（六价）/（毫克 / 升）	≤ 0.1
14	铅 /（毫克 / 升）	≤ 0.2
15	粪大肠菌群数 /（个 /100 毫升）	≤ 4 000
16	蛔虫卵数（个 / 升）	≤ 2

（二）覆盖

播种或茶苗栽种时未在茶行边铺草的可在行间铺草覆盖。覆盖能有效降低地温、减少水分蒸发，茶苗成活率提高20%以上。铺草厚度5 ～ 8厘米，每亩用草量约2 000千克左右。如草量不够，亦可只铺茶行两侧30厘米左右，铺后覆盖物上压土。

（三）遮阳

用遮阳网遮阳，可使茶树蓬面温度降低3 ～ 5℃，可用小拱棚覆盖。小拱棚覆盖是用塑料架或细钢筋在茶苗上方30 ～ 50厘米处做成拱棚，上盖遮阳网。一般可选用遮光率75%、宽幅1.8米的黑色遮阳网，每亩用量长度约400 ～ 450米。亦可在迎阳面插松枝或秸秆，待高温日过后撤去。

（四）浅耕培土

浅耕可切断土壤毛细管，减少水分蒸发，防止杂草生长。浅耕深度5 ～ 8

厘米，当年新种幼苗两侧30厘米内的杂草要用手工拔除，不能浅耕。同时把苗行30厘米以外的土培到根际部，以增加保肥保水力。

二、越冬保苗

幼苗根系浅，抗逆力弱，尤其是种后第一年越冬是种茶成败的关键，因此要高度重视越冬保苗工作（详见第七章第三节冻害的预防）。

三、科学施肥

新建茶园土壤由于翻耕，土层多为打乱，同一地块肥力很不均衡，如果立即种茶，茶苗长势必然差异很大，所以最好种茶前先进行一次"匀地播种"，即撒播绿豆或黄豆等"指示植物"，待苗长出后，根据豆苗的叶色和长势判断土壤的肥力状况，凡是豆苗瘦小叶色偏黄甚而有僵苗的地方，表示该处土壤贫瘠，需要重点施肥，这样可逐步达到整块地肥力均衡的要求。

新茶园的肥培管理对促进快速成园尤为重要。根据茶苗生长发育的需要，幼龄茶园的氮、磷、钾肥要并重施，比例为1∶1∶1。

（一）基肥

基肥宜在9月下旬施。施用量可根据茶园土壤肥力状况而定，如土壤肥沃，茶籽播种或茶苗移栽前已施底肥且每月又施追肥的，栽种后第一年可以不施，反之，则要结合土壤耕作施肥。基肥以有机肥为主，如饼肥、堆肥（禽畜粪肥）、商品有机肥等，正常施用量300～500千克/亩。

（二）追肥

播种或茶苗移栽前虽然已施用过底肥，但肥料在土壤30厘米以下，茶苗一两年内难以吸收，所以必须追施肥料。追肥要少量多次，具体是5—9月生长季节每月施氮磷钾为15∶15∶15的高浓度复合肥，施肥量一般是，第1年5～10千克/（亩·年），第2年10～20千克/（亩·年），第3年20～40千克/（亩·年）。如按施纯氮计，1～2年生苗，施2.5～5.0千克/亩，3～4年生幼龄茶树，施5.0～7.5千克/亩，5～6年生茶树，施7.5～10.0千克/亩。移栽第一年用撒施法，即直接撒施在茶苗根部，不开沟，以免松动茶苗根部土壤影响成活率，第二年以后施在树冠边缘垂直下方深5～10厘米的浅沟中。有条件的可掺水，用滴灌、喷灌等方式施。施后即盖土。

茶树是"忌氯"作物，尤其是幼年茶树对氯十分敏感，氯害的枝叶呈赤枯状，部分枝干枯萎甚而全株死亡，所以不论幼龄茶园或投产茶园都不宜施用像氯化铵、氯化钾等一类化肥。此外，除了强酸性土壤外，一般不宜施液氨、石灰等碱性较强的肥料，最好施中性或酸性肥料，如尿素、硝酸铵、硫酸钾、过磷酸钙等。

四、间作绿肥

新建茶园不论是单行或双行种植，都会有1米左右的行间空地可用来间作绿肥。绿肥一是富含有机质，可改善土壤理化性质，尤其是豆科植物有根瘤菌，氮素含量较高，增加土壤氮素营养；二是茶树幼年期，树冠覆盖度小，绿肥可防止和减少雨水对土壤的冲刷。高秆绿肥作物可起到遮阳防晒和抑制杂草生长作用。坎边种植多年生绿肥作物还可以保护梯坎。

（一）绿肥作物种类

适合茶园种植的绿肥有大豆、花生、豇豆等。间作的绿肥要避免与茶树争肥、争水、争阳光。1～2年生幼龄茶园，可选用矮生或匍匐型的花生、绿豆等，3年生茶园，可选用早熟、矮生的豇豆、小绿豆、豌豆等。生荒地在种茶前以及老茶园换种改植时，最好种植1～2季抗性强、株高、根深、叶茂、产量高的紫穗槐等（图4-14）。

图4-14　幼龄茶园间作花生

（二）种植方式

夏季绿肥适种时间在4月至5月。根据行间空地大小和绿肥种类，一般是采用"1、2、3，3、2、1"方式，即茶苗种植当年种植3行，第2年2行，第3年1行，第4年不再种植。1年生茶园高秆绿肥一年内可刈割二次，2年生和3年生茶园一年翻埋一次。绿肥在盛花期积累的营养物质最多，所以这时刈割压青最为有利。结实后虽有少量果荚可收，但枝老叶枯，较难腐烂，营养价值差。此外，对于藤蔓性绿肥要及时砍蔓，以防藤蔓缠绕茶树，影响生长。为防止绿肥发酵发热伤及根系，绿肥埋入位置要离茶树根际部30～40厘米。

五、定型修剪

茶树蓬面的养成是，"骨架靠修剪，蓬面靠打顶"。定型修剪主要是抑制顶端生长，促进多长侧枝，提早培养宽阔健壮的骨架，植物学上称由单轴分枝变为合轴分枝。原来茶树在自然生长情况下，幼苗期只有1～2层小侧枝，以后每年增加1层，到八年后青年期时有8～9层。如果定型修剪，可提前增加分枝层次，一般第三年就有3～4层，五年有6～7层，七到八年有8～10层。此外，从树冠与根幅的关系看，两者是对称的，也即树冠大，根幅宽，青壮年茶树根幅甚而比树冠还大，修剪更有利于促进根系生长。

定型修剪要遵循"剪高留低、剪中留边、剪口平滑"的要求，不以采代剪，剪口部位嫩梢未木质化的不剪。一般需要进行3次。第一次在栽苗与浇定根水时同时进行（图4-13），剪时保留苗高15～20厘米。第二次在种后第2年的4月上中旬，在上一次剪口的基础上提高10～20厘米剪去主干，保留侧枝，这一高度有利于养分集中供给新生枝，长成的骨干枝比较粗壮。易发生冻害的地方和长势较差的茶苗可降低3～5厘米修剪。第三次修剪在定植后第3年的4月上旬，在第二次剪口的基础上提高10～15厘米。经过3次定型剪的茶树高度可达40～50厘米，树冠幅度也得到扩大。第四五年可适当留叶打顶采，即每季芽叶长到一芽四五叶时采去一芽二三叶，目的是增加采摘枝密度。打顶采要分批多次，茶蓬要采成弧形。最后树冠高度控制在60～70厘米。

六、缺株补苗

由于多种原因，会有一些实生苗或扦插苗种植后不会成活，如不及时补种，会造成缺株断垄，既影响产量，又破了园相。一般种植后半到一个月检查成活情况，如有干枯苗即用同时种植或假植在行间的备用苗进行补栽，栽后同样要进行浇水遮阳。越冬后或旱季过后再检查一次，如有死苗再进行第二次补苗，直至苗齐为止，茶园计划用苗时要有10%左右的备用苗就是这个道理。需要说明的是，种植规格每穴3株，如只有2株成活，缺少的1株不必再补，因两者成龄后树冠大小并无差异，这是因为群体少了，个体可得到充分发育。一般先用种在行间的备用苗。如苗不够，则先把部分成活的苗归并到一起，腾出空穴，然后再重新种植。勿用小苗在已经成活的大苗中间补缺，这样补的苗成活率很低、长势也差。补苗尽量趁早进行。

茶籽直播茶园，往往茶苗大小不一或株数过多，可在播种后的第二年4月进行间苗，选择雨后或浇水土壤湿润后，挖去弱苗或劣质苗，每丛保留健壮苗2～3株即可。

七、病虫防治

幼龄茶园常见害虫有小贯小绿叶蝉、茶蚜、茶橙瘿螨、地老虎等。常见病害有茶芽枯病、茶白星病、茶炭疽病、茶苗根结线虫病等。

防治方法：小贯小绿叶蝉、茶蚜可用吡虫啉、苦参碱、鱼藤酮、印楝素、万灵、天王星（联苯菊酯）、功夫、敌杀死等。虫害盛发期连续喷药2～3次，间隔4～6天喷药1次。螨类可用0.5波美度石硫合剂防治；地老虎可在晴天浅锄茶园时防除。病害可选用百菌清、多菌灵、甲基托布津、波尔多液、石硫合剂等杀菌剂，按使用说明的要求浓度防治。喷药要求注意叶背和叶面喷药，喷湿、喷透。

病虫害防治不得使用茶园中禁止使用的高毒、高残留农药，如三氯杀螨醇、氧化乐果等。合理混用、轮换用药和适期喷药是提高防效的有效措施（详见第四章第五节茶树病虫害防治）。

第四节　投产茶园管理

茶树种植后经过三年的定型修剪和两年的打顶轻采就可进入投产期。投产茶园管理的重点是施肥、灌溉、中耕和病虫害防治。

一、施肥

施肥是保证茶树正常生长和获得持续优质高产的主要栽培措施之一。科学施肥又是保证生态环境优良、茶园投入与产出比例合理的关键。据石元值对全国14个省区6 000多个茶园土壤样本测定，有12.5%的茶园严重缺肥，也有36%茶园过量施肥（N＞30千克/亩，P_2O_5＞10千克/亩，K_2O＞10千克/亩）。

（一）茶树需要的营养元素

茶树在生长发育过程中需要氮、磷、钾、碳、氢、氧、硫、铁、铝、钙、镁及硼、锰、锌、铜、钼等40多种元素，其中氮、磷、钾是"营养三要素"。除了碳、氢、氧来自空气外，大部分来自土壤，所以施肥是补充土壤营养元素最主要的来源。据国内多数高产优质茶园的施肥情况，氮、磷、钾比例以2∶1∶1较好。

1.氮素（N）营养　在茶树营养器官中叶片的含氮量最高，为4.5%左右，也就是说，每采收100千克干茶，需要从茶树取走约4.5千克纯氮，而茶树要生成100千克干茶所需的氮素要远远大于这个数，因维持茶树生长发育的生理活动，都需要消耗大量的氮。另外，氮还直接参与氨基酸、咖啡碱、维生素、叶绿素等的合成，对茶叶的色泽、香气、滋味都有密切关系。所以在施有机肥的基础上多施氮肥可提高氨基酸、咖啡碱、叶绿素等的含量，增加鲜爽味和醇厚度，对绿茶品质有利。氮肥用量与产量品质呈线性关系，在施纯氮20～30千克/亩时，产量和游离氨基酸增加，酯型儿茶素组分降低，酚氨比减小，绿茶苦涩味减少。一般按每100千克干茶施10～15千克纯氮比较合理。多施磷钾肥配合施氮肥能提高茶多酚含量，对红茶品质有利。南方茶园土壤多数含氮量不到0.2%，再由于大部分是酸或强酸性反应，生物固氮性较弱，氮的淋失较大，氮肥利用率一般不到50%，像尿素、硫酸铵等氮肥在土壤中溶解快，易因硝化作用转化为消态氮不能被茶树利用（铵态氮可利用），因此，施化学氮肥一次不宜施得太多，每次施尿素以30千克/亩为宜。北方种茶土壤偏弱酸性，氮肥利用率相对高一些。

2.磷素（P_2O_5）营养　茶树的光合作用、呼吸作用和生长发育都必须有磷元素，尤其是茶树各种酶促反应与能量传递都离不开磷。茶苗对磷尤为敏感，因此在种植苗木时要配施磷肥如过磷酸钙就是这个道理。不过，成龄茶树不宜过多施磷肥，因会促使多花多果，抑制营养生长，降低产量。茶树芽叶中的磷含量一般在0.8%～1.2%，在酸性土中磷易被土壤固定，所以有效磷含量普遍较低（土壤越酸，含量越低）。施磷肥要集中深施，以提高利用率。

3.钾素（K_2O）营养 茶树芽叶中钾的含量约为2.0%～2.5%。钾对茶树水分吸收和蒸腾作用起调节功能，提高茶树抗寒、抗旱力。钾可提高红茶中的茶黄素1.38～1.40毫克/克、茶红素4.9～5.0毫克/克，对红茶品质有利。可降低茶炭疽病、茶云纹叶枯病和轮斑病的发病率。此外，钾对恢复茶树创伤有重要作用，所以修剪、台刈的茶树要增施钾肥。生产茶园在施有机肥的基础上，再增施钾肥可显著获得增产提质效果。石英砂岩、片麻岩、坡积物等发育的土壤以及沙滩土茶园、老茶园一般比较缺钾。所以在增施钾肥时也要防止土壤钾的流失。山东等北方茶园可施硫酸钾，既可增加钾元素，还可降低土壤pH。

4.主要微量元素

（1）钙（CaO）。茶树钙含量在0.5%左右。它主要起到中和茶树体内过多有机酸的作用。正常生长的茶树要求土壤钙含量在0.05%以下。除了强酸性土壤，一般不需要施石灰，施钙镁磷肥已可满足。

（2）镁（MgO）。茶树镁的含量在0.2%～0.4%。镁是形成叶绿素的重要元素之一，它直接参与光合作用。缺镁会造成叶片泛绿无光泽，降低光合率，影响产量品质。

（3）硫（SO_2）。硫是茶树必须营养元素之一，硫是蛋白质和酶的组分。叶片中硫的含量一般为0.8～3克/千克，以一芽五叶最高。施硫可提高叶绿素的含量，增强光合作用强度，有提质增产效果。施硫还可增加茶多酚、氨基酸和咖啡碱含量。缺硫，使顶芽和嫩叶黄化，出现黄白花斑，长势减弱。

（4）锰（MnO）。茶树芽叶中锰的含量在0.1%～0.2%，成熟叶片在0.4%左右。锰能促使根系中的硝态氮迅速转化为铵态氮，便于氮的吸收。锰还能增强茶树呼吸强度，提高维生素C及茶多酚的含量。

（二）施肥技术

成龄采摘茶园施肥以氮肥为主，磷钾肥为辅，如按亩产100千克干茶计，需要施纯氮12.5～15千克/亩。氮磷钾三要素比例为（3～5）:1:（1～2）。最好根据土壤肥力检测数据，有针对性地确定肥料种类和施用量，可参考表4-8。在江南茶区，3—10月茶树地上部生长期的吸肥比例是65%～70%，11—2月地下部生长期的吸肥比例是30%～35%，了解茶树吸肥特性，可做到科学施用，合理用肥。

表 4-8　茶园养分推荐用量

（石元值，2020）

养分	制作茶类	采摘标准	施肥量（千克/亩）	最高限量（千克/亩）	备注
氮（N）	名优绿茶	一芽一叶	≤ 20	20	可根据土壤状况、产量要求及茶叶品类做调整
	大宗绿茶	一芽二三叶	20 ～ 30	30	
	红茶	一芽二三叶	≤ 20	20	
	乌龙茶	一芽三四叶	20 ～ 27	30	
磷（P_2O_5）	按所制茶类采摘要求		4	8	根据土壤测定
钾（K_2O）			4 ～ 8	10	
镁（MgO）			2.7 ～ 3	4	
微量元素			按需要施用		

1.基肥的施用　基肥与产量、品质密切相关，基肥占全年施肥总量的 40% ～ 50%。基肥要以有机肥料为主，我国约有50%的茶园不施有机肥，这是导致品质下降、难以持续高产的重要原因。有机肥料除了缓慢提供养分外（表4-9），还有改良土壤作用，增加土壤腐殖质。施肥原则是，重施有机肥，配施速效肥。有机肥最适施肥时间在茶树休眠前20天左右，如山东茶区宜在9月中、下旬。施肥量为：有机复合肥或土杂肥或禽畜粪等1 500 ～ 2 000千克/亩或者饼肥250 ～ 300千克/亩，两类肥要同时配施尿素20 ～ 25千克/亩。如果需要同时施磷钾肥的，可施过磷酸钙25 ～ 50千克/亩、硫酸钾15 ～ 25千克/亩。施用茶树专用复合肥（氮N—磷P_2O_5—钾 K_2O—镁MgO+锌Zn+硼B），一般可增产10% ～ 15%。施用时在茶行一侧按树冠垂直下方开20厘米左右深的沟，先将有机肥施入，再在有机肥上面撒施尿素和磷钾肥（专用复合肥可不再配施化肥）。施后立即盖土。

表 4-9　常用有机肥料主要养分含量

（中国茶树栽培学，2005）　　　　　　　　　　　单位：%

肥料种类	氮	磷	钾	有机质
菜籽饼	4.60	2.48	1.40	
大豆饼	7.00	1.32	2.13	
花生饼	6.32	1.17	1.34	

（续）

肥料种类	氮	磷	钾	有机质
茶籽饼	1.11	0.37	1.23	
猪粪	0.56	0.40	0.44	15.0
羊粪	0.56	0.50	0.25	28.0
鸡粪	0.55	0.30	0.24	20.0
牛粪	0.32	0.25	0.15	14.5

土壤中碳与氮的比例称C/N（碳氮比），C/N的大小与土壤中的微生物活动和土壤氮素的营养有着重要关系。原来，微生物细胞的组成需要5份碳1份氮，同时还要20份碳支持微生物的生命活动，符合这一要求的C/N为25∶1，如果大于25∶1，意味着碳多氮少，微生物就缺乏氮素营养，使一些高C/N的秸秆、禾草、修剪枝叶等施入土中或当覆盖物时就难以腐烂成有机物被茶树利用，所以，在用秸秆等作肥料施时需要同时施入化学氮肥，以降低C/N。当然，一些腐熟过的堆肥、家畜禽粪C/N为20～30，就不需要同时施化学氮肥了。

2.追肥的施用　所谓追肥就是茶树在生长期间所施的肥料，主要是补充茶树生长和采摘的营养元素消耗，对持续高产很重要（表4-10）。追肥必须适时适量施，少量多次施，用量约占全年施肥量的40%～60%。通常分为：

表 4-10　追肥次数与茶叶产量的关系

（茶树高产优质栽培新技术，1990）

茶季	2次		3次		5次	
	千克/亩	%	千克/亩	%	千克/亩	%
春茶	174.0	100	195.4	112.3	197.5	113.5
夏茶	121.4	100	146.4	120.6	150.0	123.6
秋茶	164.3	100	194.3	118.3	214.3	130.4
全年	459.7	100	536.1	116.6	561.8	122.2

（1）催芽肥。在春茶开采前20～30天施，以速效氮肥为主，施肥量为全年追肥量的50%～60%。如亩产160～200千克干茶的茶园，需施纯氮

15～20千克/（亩·年）。开5～10厘米浅沟施，施后立即盖土。

（2）夏秋茶追肥。按茶季施用，一般是春茶结束后即施全年的第二次，夏茶结束后施第三次，具体施肥时间要根据当地的天气、土壤墒情、采摘时间等综合考虑，灵活掌握。复合肥、尿素可适当早施。施肥量为全年追肥量的40%～50%。

山东日照茶区全年4次追肥分别在4月上旬初、6月上旬、7月下旬和9月上旬，共亩施尿素130千克，相当于全年施纯氮60千克，4次比例是4:2:2:2。当然，各地的施肥量和时间可以有所不同。

3.叶面肥施用 又称根外追肥，利用茶树叶片表皮细胞的渗透作用来吸收游离离子的方法，它不受土壤冲刷、淋溶、固定等作用影响，省肥，吸收快，效果好，尤适合微量元素的施用。叶面施肥还可与病虫防治和喷灌相结合，一举多用。常用肥料浓度为：尿素0.5%，硫酸铵0.5%～1.0%，硫酸钾0.5%，过磷酸钙1%～2%，硫酸铜10～20毫克/千克，硫酸锌50毫克/千克，硼酸50～100毫克/千克，钼酸铵20～50毫克/千克。

市售的茶园叶面肥有爱多收（植物生长调节剂叶面肥，日本旭化学工业株式会社生产）9 000倍液，"农技牌"氨基酸复合微肥500倍液，高乐叶面肥（复合营养元素叶面肥，美国GROW MOREINC公司生产）500倍液，磷酸二氢钾（P、K叶面肥，上海永众农资公司生产）500倍液。

茶树叶背的吸收力强于叶面，所以要重点喷施叶背。与农药配合施用，要注意农药与肥料的化学性质，如酸性农药要配酸性化肥，碱性农药配碱性化肥。另外，要注意天气，最好在阴天喷施，雨天肥料易遭淋失，高温天肥料易浓缩，不易吸收甚而造成渍害。

（三）单轨运输车用于茶园运输

单轨运输车作为森林、果园、农庄等陡坡山地运输木材、农资、收获物、人员等的运输工具，在日本、韩国等国家以及中国台湾地区已多有采用。单轨运输车由牵引车和运输车组成，骑跨在一条轻便轨道上行驶，带有齿条的轨道用固定支架铺设在坡地上，并可向任意方向延伸。运输车离地间隙约30厘米，牵引车上的驱动齿轮与轨道的齿条啮合，用1台2～3千瓦的汽油机驱动，行驶速度0.6～0.7米/秒，运载质量500千克，可爬坡45°。轨道上下都设有自动停车装置，不需专职驾驶员，只要起终点有人装卸货物即可，在山区陡坡茶园运输肥料和鲜叶，方便、高效、成本低（图4-15）。

图 4-15　茶园单轨运输车及轨道（郑旭霞　供图）

二、茶园灌溉与覆盖

（一）茶园灌溉

1.茶树需水特性　水是茶树物质代谢的基础，是叶片进行光合作用的主要原料，亦是吸收与输送营养成分的载体。此外，水还维持细胞组织紧张度，水的蒸腾作用可调节树体温度，增强抗逆性。

土壤水分是茶树水的主要来源。由于茶园土壤质地和结构的差异，不同类型土壤的含水率对茶树的有效性也不同，因此，土壤水分含量常用土壤相对含水率表示。在茶树生长季节，当土壤含水率在75%～90%时，土壤供水充分，茶树营养生长旺盛，内含物丰富，易获得高产优质。当土壤含水率下降至60%～70%，茶树生长受阻，低于60%，细胞开始出现质壁分离，导致干枯或死亡。所以土壤含水率低于70%时就应灌溉。当然，土壤水分过多接近饱和状态，会影响土壤的通气性，妨碍根系呼吸，茶树同样生长不良。

2.茶园灌溉的方式　北方茶区总体上是全年降水量不足，在时空分布上又不均衡，4月到6月的旱季往往会造成旱害，严重影响产量和品质，必须进行灌溉。灌溉水要渗透到土层30厘米左右才有明显效果。茶园灌溉水需要注意水的质量，一是要呈微酸性，不可用含盐量高的碱性水；二是不可用已污染的工业废水和生活用水。高氯酸盐是有毒物质，茶叶中高氯酸盐有一部分就是来自工业废水和生活用水；三是水中不含或少含泥沙，以免堵塞灌溉机具。

（1）喷灌。类似于降雨，水能均匀地喷洒在茶树和地面上，既省水、省力，又改善了茶园小气候。喷灌系统一般由水源、抽水装置和喷灌设备（包括各种管道和喷头）等组成。目前用得最多的是固定式和移动式两种。

固定式：由水源、泵站和管道等构成喷灌系统，喷头装在与支管相连的竖管上，可作360°或扇形喷水，对长期需要喷灌的茶园或苗圃最适用（图4-16）。

图4-16　固定式茶园喷灌

移动式：由动力、水泵、管道和喷头组成喷灌系统，可以移动，一机多用，尤装在拖拉机上，施用更灵活方便。

茶园喷灌需要注意：①要及时，在旱像刚出现时就喷；②喷洒要均匀，水滴大小要适中，一般水滴直径以2毫米左右为好，过大会对芽叶和土壤造成强烈冲击；③喷灌强度要与土壤透水性相适应，所以需要选用适宜的喷头，如土壤的渗水速度是每小时10毫米左右，则喷灌强度应在每小时10毫米以内。

（2）滴灌。又称渗灌，利用埋于地下的管道通过渗水孔向土壤供水，再借助于土壤毛细管作用，将水均匀散布到根系活动层内。滴灌不会引起土壤冲刷，并可以与液态肥相结合施用。滴灌系统由水源、输水管道和滴头等组成，缺点是一次性投入较多，维修不太方便。除了预处理过的水（如自来水）外，如直接用江河水和水库水最好经沉淀或过滤，以防杂质堵塞滴头。输水管道有主管、支管和毛管。主管连接水源，支管用于输水，毛管用于滴水。支管管径20～100毫米，毛管内径10～15毫米。

（二）茶园覆盖

覆盖主要是指茶园行间铺盖，这有别于新茶园刚种植时的铺草。覆盖可防止雨季的径流和土壤冲刷，减少杂草生长，保蓄土壤水分，增强水分渗透，覆盖物腐烂后还可增加土壤腐殖质和养分，是一项操作简单、有效的措施。

覆盖材料可因地制宜，就地取材，山茅草、枯树叶、稻草、麦秆、玉米秆、锯末、花生壳、茶树修剪枝叶等均可用（图4-17）。如果覆盖材料充裕，可一年四季随时铺盖，如取材不便或有限，则在越冬前或旱季进行，以达到防灾效果。茶树修剪枝叶用来就地铺盖，效果很好，一是边剪边铺，不必清园，省工省料。二是茶树枝叶可抑制杂草生长，这在所有覆盖物中最明显，这可能与枝叶中含有酚类物质和生物碱有关。但受病虫为害较严重的修剪枝叶不应作为茶园覆盖材料。如果用山茅草、杂草必须在结草籽前刈割覆盖，否则草籽掉落土中，会造成大量杂草生长。一般可在春茶结束后的6月上旬行间铺10厘米左右厚的覆盖物。

图4-17 行间铺盖茶树修剪枝叶

三、茶园耕作

茶园耕作即是对土壤的翻耕，是茶园管理中的一项重要内容。它对调节土壤理化性质，增加土壤肥力，促进茶树生长，提高产量和品质都有着十分重要的作用。

茶园耕作自古有之。南宋赵汝砺的《北苑别录》（1186）载，茶园"草木至夏益盛，故欲导生长之气，以渗雨露之泽。每岁六月兴工，虚其本，培其土，滋蔓之草、遏郁之木，悉用除之，政所以导生长之气而渗雨露之泽也。此之谓开畲"。说的是福建北苑地区茶园于每年六月在夏草旺盛时要除草、耕锄、培土，并有专用名词叫"开畲"。明代，茶园耕作更为精细。据罗廪《茶解》（1609）记载，"茶根土实，草木杂生则不茂，春时蔻草，秋夏间锄掘三四遍，则次年抽茶更盛"。清代，宗景藩在《种茶说十条》（1866）中载，茶园"每年五六月间，需将旁土挖松，芟去其草，使土肥而茶茂，但宜早不宜迟，故有五金、六银、七铜、八铁之说"。由此，江南茶区便有了"七挖金，八挖银"的做法。

（一）耕作的作用

在不同时间将茶园土壤耕锄，一是有利于疏松土壤，加快地面铺盖物的分解转化，提高土壤肥力；二是调节土壤"三相"比，有利于根系生长；三是耕锄可翻埋杂草，增加土壤有机质；四是耕作会伤及部分根系，有利于根系更新复壮（表4-11）。

表4-11　深耕对茶树根系的更新作用
（茶树优质高产栽培新技术，1990）

处理	调查范围		吸收根	
	深度（厘米）	面积（厘米^2）	重量（克）	体积（厘米^3）
深耕	0～15	50×50	17.0	17.0
	15～30	50×50	36.5	36.0
对照	0～15	50×50	5.4	5.5
	15～30	50×50	1.3	1.5

（二）耕作的方法

1.浅耕　采茶和农事操作易导致土面板结，浅耕就是用来疏松土壤，维持土壤的通透性。一般在茶季的间隙期和杂草旺长时进行，深度8～10厘米。全年3～4次。

2.深耕　通常在秋茶结束后结合施基肥进行，北方茶区宜早不宜晚，最好在10月前进行完毕，这样即使深耕损伤了一部分根系，入冬前还有个恢复和生长过程，对增强根系活力有利。用锄翻耕15～20厘米。平地和缓坡地茶园可用茶园中耕机进行翻耕。翻耕时要翻埋枯枝落叶、杂草等，以利增加土壤有机质。

第五节　茶树病虫害防治

病虫害防治是茶园管理中的一项重要内容，对保障茶树健壮生长、获得优质安全产品具有重要的作用。根据生物多样性理念和现代防治技术，防治不是消灭全部病虫，而是防控，就是将病虫害控制在合理的程度，也就是说，不是见虫就杀，见病就治，少量病虫发生只要不影响茶树正常生长，就不打药，留点害虫给鸟类等天敌作食物，以维持生态平衡。有虫有天敌具备生物链的茶园才是生态茶园。

近年来，我国在非化学农药防治病虫害技术上获得较大突破，如诱虫灯、诱虫板、植物源农药、矿物源农药的应用以及用无人机喷洒农药等，使茶园病虫防治更科学、更有效、更环保。

一、茶树病虫害发生情况

山东等北方茶区处在暖温带湿润季风气候和暖温带大陆性半湿润季风气候区，虽然冬季寒冷干燥，但5—9月雨热同期，使一些普食性病虫如茶纹叶枯病、小贯小绿叶蝉等得到了滋生和繁衍。一些与其他作物共生的病虫如根结线虫病、角蜡蚧、煤病等也易侵染茶树，从而造成了除冻害以外影响茶树生长、产量和品质的又一自然灾害。目前，发生比较普遍危害较重的主要害虫有小贯小绿叶蝉、黑刺粉虱、茶叶瘿螨、角蜡蚧、茶蚜等，主要叶部病害有茶轮斑病、茶云纹叶枯病、茶炭疽病和茶煤病等，主要根部病害有茶苗根结线虫病等。

二、茶树病虫害防治措施

茶园病虫防治的原则是，以防为主，综合治理。有机茶园和绿色食品茶园采用农业和物理防治措施，如选用抗病虫品种，合理施肥和间套种作物，及时分批采摘，插粘虫板，装置杀虫灯，采用性信息素引诱剂等，这些措施没有农残，不会污染环境。也可采用生物源、植物源、矿物源农药，如害虫病原微生物制剂、茶皂素制剂、苦参碱制剂等，这些农药降解快，残留少（详见第五章第二节有机茶园管理）。无公害茶园和常规茶园可用化学农药。用药浓度按规定标准，不可超标，并严格遵守安全间隔期。

茶叶技术指导中心（站）要建立茶树病虫测报站，根据茶园病虫情况进行预测预报，提出防治适期、农药配方。产茶村庄要配备茶叶植保员，以村庄为单位进行茶树病虫害统防统治，改变"你方打完我上场"的状况，这既提高了防治效果，又防止了农药交叉感染。

（一）农业防治

改变茶园环境因素使病虫不易发生和危害，主要措施有：①选用抗病虫茶树品种；②合理种植，包括密植、轮作、套种、间作等；③翻耕培土；④合理施肥；⑤灌溉排水；⑥分批多次及时采茶；⑦茶树修剪台刈；⑧清理茶园。

（二）生物防治

利用各种生物天敌来防治病虫害，也即以虫治虫、以菌治虫、以病毒治虫，具有安全、持久、经济、有效的特点。如捕食蚜虫的有草蛉（*Chrysopa sinica*）、七星瓢虫（*Coccinella septempunctata* Linnaeus），捕食茶尺蠖的有绒茧蜂（*Apanteles* sp.），捕食蚧壳虫的有红点唇瓢虫（*Chilocorns kuloanae*），捕食茶小卷叶蛾的有赤眼蜂（*Trichogramma dendrolimi*），捕食鳞翅目食叶害虫的有蜘蛛科的各类蜘蛛，如斜纹猫蛛（*Oxyopidae sertatus*），防治刺蛾类、茶毛虫、茶尺蠖等的有核型多角体病毒（NPV）。

（三）物理防治

用物理因素和机械设备来防治。利用害虫的群集性、假死性、趋光性、趋色性等，进行人工捕杀，灯光诱杀，色板（纸）粘杀，糖醋液浸杀等。

近来推广使用的天敌友好型狭波LED杀虫灯和天敌友好型双色诱虫板，不仅对茶园主要害虫的诱杀量提高一倍多，而且对天敌的误杀率降低40%以上，实现了害虫诱杀的标准化、高效化，降低了对天敌的误杀，又保护了生态环境。

（四）化学防治

用化学农药来预防或直接消灭病虫害的方法，优点是快速高效，使用方便，比较经济，但易造成农药残留和环境污染。农药品种要轮换用，不可长期使用同一种农药，否则易使害虫产生抗药性。

（五）综合防治

根据病虫发生动态及所处的环境条件，有机地协调运用农业防治、物理防治、生物防治和化学防治等方法，这样可在尽量保持生态平衡的情况下，将病虫的危害控制在阈值之内。

（六）无人机防治

无人机防治病虫害在大田作物中已多采用，特点是效力高、减少农药用量和减轻施药者劳动强度。目前适用于茶园病虫防治的无人机有大疆t16号型、山东飞野公司生产的3WWDZ-18型等，适用于连片平坦茶园。大疆t16号一般1包药液15分钟可喷洒5～6亩。3WWDZ-18型每架次可防治15亩。防治时，无人机要沿茶行平行飞行，离地高度控制在2～3米，尽量选择在晴朗无风或微风天气进行（图4-18）。

图4-18　无人机茶园施药

三、主要病虫防治

（一）小贯小绿叶蝉 ［*Empoasca（Matsumurasca）onukii* Matsuda］

各茶区均有发生，是主要害虫之一，发生严重时无茶可采。以成虫和若虫吸取芽叶汁液，导致芽叶焦边、焦叶、生长迟缓。茶树受害过程分为失水期、红脉期、焦边期、枯焦期。

1.形态特征　成虫体长3～4毫米，绿色或黄绿色，头略呈三角形，复眼灰褐色。卵新月形，长约0.8毫米，初为乳白色，后转为淡绿色。若虫淡绿色至淡黄色，头大而后端瘦小。以成虫在茶丛或草中越冬（图4-19）。

2.为害时期及方式　发生代数因地区、年份不同而异，山东一年发生10代以上。时晴时雨的天气最易成灾，故主要为害期在5月下旬至6月上旬、9月上中旬。成虫怕直射阳光，多栖于茶丛下部幼嫩叶背。卵散产于嫩梢组织内，约80%的卵产在一芽二叶。故芽叶肥壮，茶蓬郁闭，杂草多的茶园最易发生。

图 4-19　小贯小绿叶蝉

（左：肖强　供图　　右：汪云刚　供图）

3.防治方法　当一百张叶（芽以下第二叶）的成虫和若虫总数达到10头时即要防治。

（1）综合防治。分批多次及时采茶，减少食源，降低虫口密度；及时除草，减少虫源；插天敌友好型双色诱虫板粘杀；30亩左右茶园设置1个天敌友好型狭波LED杀虫灯诱杀成虫。

（2）药剂防治。①有机茶园和绿色食品(茶)AA级茶园可选用2.5%鱼藤酮300～500倍，或百虫僵600～800倍，或AO-318茶叶清园剂100～200倍，或苏特灵400～500倍，或爱禾0.3%印棟素乳油300～500倍液，或0.3%苦参碱水剂1 000倍，或云菊5%天然除虫菊素乳油1 000～1 500倍液防治。②绿色食品(茶)A级茶园和低残留茶园可选用150克/升凯恩EC 22.22毫升/亩，或25%飞电WP 40克/亩喷雾防治。③非有机茶园可选用10%联苯菊酯水乳剂2 000～3 000倍液，或15%茚虫威乳油3 000倍液，或24%虫螨腈悬浮剂2 000倍液，或2.5%溴氰菊酯乳油3 000～4 000倍液等低水溶性高效农药进行防治。④3月上旬（非采摘茶园）和10月下旬喷0.5波美度石硫合剂，或45%晶体石硫合剂150倍液（表4-12）。

表4-12　小贯小绿叶蝉防治

措施或防治药剂	每亩使用量	安全间隔期（天）	一年最多使用次数
粘虫板	20～25片	无	连续使用1个月后更换
24%虫螨腈悬浮剂	30～50毫升	7	1
40%丁醚脲噻虫啉悬浮剂	60～80毫升	5	1

（续）

措施或防治药剂	每亩使用量	安全间隔期（天）	一年最多使用次数
18%联苯丁醚脲微乳剂	75毫升	7	1
30%唑虫酰胺悬浮剂	30～50毫升	10	1
30%茶皂素乳剂	12毫升	10	1
0.3%印楝素水剂	100～150毫升	7	1
2.5%联苯菊酯（天王星）	60毫升	7	1

注：1.表中的药剂如某种药国家禁用或停用，该药即不可用于茶园。

2.石硫合剂具有很广的生物活性，既抗病，又能治虫。使用时需注意：①石硫合剂具强碱性，避免与一般化学农药和铜制剂混用；②采茶季节禁止使用，间隔期至少3个月；③气温低于4℃药效会下降。

（二）黑刺粉虱 (*Aleurocanthus spiniferus* Quaintance)

别名桔刺粉虱、刺粉虱、黑蛹有刺粉虱。以成虫、若虫刺吸叶和嫩枝的汁液，被害叶出现失绿黄白斑点，随着为害的加重斑点扩展成片，进而全叶苍白早落。排泄的蜜露还可诱致煤污病发生（图4-20）。

1.**形态特征**　成虫体长1.0～1.3毫米，橙黄色，薄敷白粉，上有7个白斑。卵新月形，长0.25毫米。若虫体长0.7毫米，黑色，体周缘泌有白蜡圈。成虫椭圆形淡黄色至黑色，体周缘分泌一圈白蜡质物。蛹椭圆形，黄黑色。蛹壳椭圆形，长0.7～1.1毫米，黑色有光泽，周缘有较宽的白蜡边，背面隆起。

2.**发生规律**　山东全年发生4代，第1代在4—5月，第4代10月，其余世代不整齐，随时发生，即4—10月田间各虫态均可见到。以若虫于叶背越冬。成虫喜较阴暗的环境，多在树冠内部枝叶活动。每一雌虫可产卵数十粒至百余粒，卵散产于叶背，数粒至数十粒一起，散生或密集呈圆弧形。成虫寿命6～7天。初孵若虫多在卵壳附近爬行吸食。

图4-20　黑刺粉虱
（汪云刚　供图）

3.**防治方法**

（1）加强茶园管理。茶树合理修剪，清除地脚枝和过密细弱枝，以使通风透光。

（2）利用天敌。黑刺粉虱天敌有瓢虫、草蛉、寄生蜂、寄生菌等。茶园施药应选择在天敌隐蔽期，如在5月中旬阴雨期每亩可用韦伯虫座孢菌菌粉（每毫升含孢子量1亿）0.5～10千克喷施，亦可用韦伯虫座孢菌枝分别悬挂在茶树四周，每5～10枝/米²。

（3）色板诱杀。在发生初期将黄色粘虫板悬挂于离茶蓬高10厘米处诱杀，每亩悬挂20～30张，每片黄板每天可诱杀300余头。

（4）药剂防治。在卵孵化高峰期用药，以1～2龄时施药效果较好，可喷洒10%吡虫啉可湿性粉剂1 500倍液，或50%稻丰散乳油1 500～2 000倍液，或25%灭螨猛乳油1 000倍液，或20%灭扫利乳油2 000倍液，或1.8%集琦虫克乳油4 000～5 000倍液，或1.8%害极灭乳油4 000～5 000倍液，或1.8%爱福丁乳油4 000～5 000倍液，或5%锐劲特悬浮剂1 500倍液，或10%扑虱灵乳油1 000倍液。3龄及其以后各虫的防治，可用含油量0.4%～0.5%的矿物油乳剂与上述其中一药剂混用，可提高杀虫效果。

（三）茶叶瘿螨（*Calacarus carinatus* Creen）

又称茶紫瘿螨，以若螨、幼螨和成螨刺吸成叶和老叶，影响茶树长势和品质（图4-21）。

1.形态特征 若螨黄褐至淡紫色，披白色蜡质絮状物。幼螨体裸露。成螨体微小，椭圆形，紫黑色，背面有5条纵列白色絮状蜡质分泌物。

2.发生规律 一年发生十多代，高温干旱最有利于发生。第一个高峰期在5月。以成螨、幼螨和若虫在叶背吸食，以叶脉两侧和凹陷处居多，被害叶布满灰白色粉末的蜕皮壳，叶片呈紫铜色，茶芽萎缩，叶片易脱落。幼龄茶园和留养茶园为害最重。以成螨在叶背越冬。

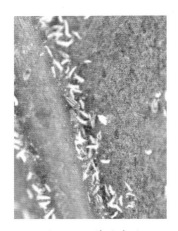

图4-21 茶叶瘿螨
（唐美君 供图）

3.防治方法

（1）及时采摘。茶叶瘿螨早期主要分布在一芽二三叶，及时分批采摘可带走大量的螨和卵。

（2）清理病叶。采摘病叶带出园外处理。

（3）药剂防治。发生期选用15%哒螨灵乳油2 000～3 000倍液（安全间隔期7天），或2.5%联苯菊酯1 500～2 000倍液（安全间隔期6天），或2.5%绿颖矿物油100倍液，或15%扫螨净乳油2 000倍液，或73%克螨特乳油1 500～2 000倍液，或240克/升虫螨腈悬浮剂1 500～2 000倍液防治。越冬前喷一次0.3～0.5波美度石硫合剂封园。

（四）角蜡蚧（*Ceroplastes ceriferus* Anderson）

又名白蜡蚧，以若虫和雌成虫吸食汁液为害，并诱致煤病（图4-22）。

图 4-22　角蜡蚧（汪云刚　供图）

1.形态特征　雌成虫蜡壳厚，灰白色，稍带玫瑰红色，直径5～9毫米。背面中央呈角状突起，蜡壳呈半球形，淡黄色。雌成虫体长4～5毫米，红褐至紫褐色，雄成虫体长约1毫米，赤褐色。初孵时若虫体长0.3～0.5毫米，长椭圆形，红褐色。

2.发生规律　一年发生1代，3月中旬—4月中下旬开始产卵，5—7月若虫大量出现。雄虫多分布在叶面主脉两侧，雌虫多分布在枝干上，以茶丛中下部居多。在成虫产卵和若虫刚孵化阶段，降水量多少对种群数量影响很大，但干旱影响不大。以受精雌成虫在枝干上越冬。

3.防治方法

（1）选用无虫种苗。尤其是从虫害高发区引种的苗木必须进行检验，以防蔓延。

（2）加强茶园管理。合理施肥，增强树势，提高抗性；清蔸亮脚，使茶园通风透光。发生严重的茶树枝条要及时剪除，并在蚧壳虫大量孵化后进行烧毁。

（3）利用天敌。蚧壳虫天敌有红点唇瓢、红蜡蚧扁角跳小蜂和三种姬小蜂。修剪和台刈的虫枝，集中在茶园附近背风低洼处，待蚧壳虫大量孵化时再烧毁，使寄生蜂返回茶园，寄生蚧壳虫。瓢虫密度大的茶园，可人工帮助迁移。瓢虫活动期应尽量避免用药。

（4）药剂防治。因蚧壳有蜡质，2龄以后虫体变大，蜡质加厚，防治效果不明显。因此必须在1～2龄若虫期进行，通常在孵化率达70%～80%时的6月下旬为防治适期。可选用2.5%联苯菊酯1 000～2 000倍液，或2.5%溴氰菊酯乳油2 000～3 000倍液，或25%扑虱灵（噻嗪酮）1 000～1 500倍液，或喹硫磷1 000倍液，或虫螨腈240克/升1 500～2 000倍液喷施。非采茶期用45%石硫合剂晶体200～300倍兑水喷施。喷药时，将喷杆插进茶树中部，喷头朝上四面回转，使叶背喷湿，再从茶蓬上面往下喷，使枝干及叶片正反面都均匀喷射到。

（五）茶蚜（*Toxoptera aurantii* Boyer de Fonscolombe）

1.形态特征　又称油虫、蜜虫。分有翅蚜虫和无翅蚜虫。有翅成蚜黑褐色，有光泽，腹部背部有4对黑斑。有翅若蚜棕褐色；无翅成蚜近卵圆形，稍肥大，棕褐色，体表多淡黄色网纹。无翅若蚜浅棕色或淡黄色。卵长椭圆形，漆黑色有光泽（图4-23）。

2.发生规律　繁殖力强，一年可发生十多代，第一个高峰期在5月。多为局部为害，主要为害幼嫩芽叶，多聚集在新梢和嫩茎上刺吸汁液，以芽下第一二叶数量最多。可分泌蜜露引发煤病，影响叶片光

图 4-23　茶　蚜

合能力。以卵在叶背越冬。带有虫体的芽叶用来制茶，影响品质。

3.防治方法

（1）及时采摘。可减少蚜群密度。

（2）色板诱杀。田间放置黄色粘虫板，可诱杀有翅成蚜。

（3）药剂防治。当芽下第二叶平均有10头左右时，可用敌杀死3 000倍液，或茚虫威2 500倍液，或50%辛硫磷1 000～1 500倍液（安全间隔期5天），或10%联苯菊酯水乳剂3 000倍液，或苦参碱水剂1 000倍液防治。

（六）蛴螬（*Grub*）

1.形态特征　蛴螬为金龟子幼虫。茶园常见金龟子有铜绿异丽金龟（*Anomala corpulenta* Motschulsky）、东北大黑鳃金龟（*Holotrichia diomphalia* Bates）和黑绒金龟（*Maladera orientalis* Motschulsky）等。成熟幼虫体长10～30毫米，头部一般黄色，胸腹部白色，具3对发达胸足，无腹足，体肥多皱，弯曲成"C"字形（图4-24）。

图4-24　蛴螬（汪云刚　供图）

2.发生规律　发生代数不一，多为一年发生1代，有的二或三年1代，幼虫可达3龄。蛴螬终身栖于土中，咬食茶苗根系，导致苗木死亡，造成新茶园缺株断垄。卵多产于杂草和腐殖质较多的地方。

3.防治方法　因这类害虫潜居土中，主要防治方法有：

（1）农业措施。苗圃和种植沟内不宜施用未经腐熟的有机肥，或过于集中施肥。残枝、断桩及早清除干净，避免招引。

（2）人工捕捉。茶苗种植前土壤耕作时，见到即捕杀。

（3）农药防治。①有机茶园和绿色食品(茶)AA级茶园用百虫僵600～800倍液喷杀。②绿色食品(茶)A级茶园、低残留茶园和一般茶园用98%巴丹（杀螟丹）1 000倍，散于根系附近土中，药剂不可接触茶树根系。③用粗糠、饼枯炒后加辛硫磷或杀螟丹按500克/亩拌匀埋于土中，或堆放于洞口附近诱杀。④用干枯枝叶、花生壳、新鲜嫩叶等挖坑放入盖土，当蛴螬进入坑中取食时，喷施农药毒杀。

（4）灯光诱杀。诱杀金龟子成虫。

（七）茶云纹叶枯病（病原真菌学名 *Colletotrichum camelliae* Massce）

1.为害症状 由真菌引起，高温期间和管理粗放树势衰弱的茶树上易发生。发病初期在叶尖、叶缘或叶片中部产生黄绿色水渍状斑点，后期扩大为褐色近圆形、半圆形或不规则形的大斑，上生波浪般的轮纹，形似云纹状，最后病斑中央部分组织枯死变为灰白色，上生灰黑色小粒点，沿轮纹排列，这是茶云纹叶枯病的主要症状。如发生在枝干上会形成灰褐色斑块，上生灰黑色小粒点。果实受害则产生黄褐色圆形病斑，以后变为灰色，其上生有黑色粒点，病斑部分有时会开裂（图4-25）。

图4-25 茶云纹叶枯病（汪云刚 供图）

2.发病规律 此病是一种高温高湿性病害，当温度在27～29℃，相对湿度在80%以上时最易发生，病害盛期一般在7—9月。病菌以菌丝块、分生孢子盘或子囊壳在病叶内越冬，也可随病叶组织散落在土表上越冬，到第二年春季，当温湿度适宜时即产生分生孢子或子囊孢子，借风雨传播到叶片上，孢子侵入寄主组织后，一般经5～18天就可发病，产生病斑，其上又产生新的分生孢子，再次发生侵染，使病害蔓延扩大。

3.防治方法

（1）加强茶园管理。合理施肥，避免偏施氮肥，及时中耕除草，疏松土壤，做好茶园抗旱，防止早春冻害，使茶树健壮，提高抗病力。

（2）摘除病叶。严重时摘除病叶，减少病菌基数，降低再次侵染率。

（3）药剂防治。发病初期用:①有机茶园和绿色食品(茶)AA级茶园非采摘期（11月下旬至1月中旬）喷0.6%～0.7%石灰半量式波尔多液进行预防，生产季节用100毫克/千克多抗霉素防治。②绿色食品(茶)A级茶园、低残留茶园和一般茶园可用50%苯菌灵1 500倍液，或70%甲基托布津1 500倍液，或50%多菌灵可湿性粉剂1 000倍液，防治效果均在80%以上，喷药安全间隔期7天。③喷施75%百菌清可湿性粉剂800～1 000倍液。

（八）茶轮斑病　[病原真菌学名 *Pestalotiapsis theae*（Sawada）Steyaert]

1. 为害症状　主要发生在老叶或成叶，病斑由叶尖或叶缘开始，一般先产生黄褐色及边缘不明显的小点，以后逐渐扩大形成近圆形、半圆形或不规则形病斑，直径可达2～3厘米，色泽由褐色渐变为灰白色，常呈同心圆状轮纹，并在其上产生许多黑色轮纹状排列的小粒点，病斑边缘常有褐色隆起线，病、健部分界限明显（图4-26）。

图4-26　茶轮斑病（汪云刚　供图）

2. 发病规律　病菌以菌丝体或分生孢子盘在病组织内越冬，在适宜的环境条件下产生分生孢子，并借风雨传播，在水滴中发芽侵入叶片，产生新的病斑。病原菌在28℃左右生长最盛，孢子发芽适宜温度为25℃，因此，在高温高湿的夏秋季发病较多。常年荫蔽多湿或排水不良的茶园发病最为严重。管理粗放、树势衰老的茶园也易发病。

3. 防治方法　轮斑病菌是一种弱寄生菌，树势衰弱或叶部有伤口的易于发生，因此加强茶园的肥培管理，勤除杂草，做好排水工作，提高茶树抗病力，是防止发病的主要措施。病害较重的茶园可用甲基托布津可湿性粉剂1 500～2 000倍液，或50%多菌灵可湿性粉剂1 000倍液防治。

（九）茶炭疽病（病原真菌学名 *Gloeosporium theae sinensis* Miyake）

一般发病多在成叶，老叶和嫩叶偶有发生。秋季发病严重的茶园，翌年春茶产量明显下降（图4-27）。

图4-27　茶炭疽病

1.为害症状　先在叶缘或叶尖部产生水浸状暗绿色病斑，后沿叶脉扩大成不规则形病斑，病斑红褐色，后期变灰白色。病缘边界分明，病斑正面密生黑色细小突起的粒状病菌分生孢子盘，病斑上无轮纹。发病严重时可引起大量落叶。

2.发生特点　全年以6—7月上旬和9—10月发生最重，品种间有明显的差异，如龙井43品种易感染。

3.防治方法　以早防为主，待成叶出现病斑再防治为时已晚。

（1）加强茶园管。做好积水茶园的开沟排水。秋冬季将病枯落叶清除出园或深埋。

（2）药剂防治。在5月下旬至6月上旬和8月下旬至9月上旬，在新梢一芽一叶期喷药。药剂选择见表4-13。

表 4-13　茶炭疽病农药防治

防治药剂	使用量（亩）	安全间隔期（天）	1年最多使用次数
25% 吡唑醚菌酯	40 ～ 50 毫升	21	1
80% 代森锌可湿性粉剂	100 ～ 150 克	14	1
30% 唑虫酰胺悬浮剂	30 ～ 50 毫升	10	1
75% 百菌清可湿性粉剂	50 ～ 75 克	10	1

注：表中的某种药剂如国家禁用或停用，该药即不可用于茶园防治。

（十）茶苗根结线虫病［病原线虫学名 *Meloidogyne incognita*（Kofoid et White）Chitwood］

1.为害症状　特点是线虫侵入根系内部引起根瘤，根瘤又叫虫瘿，大小不等，病根颜色变深褐色。若主根早期受侵染，则膨大而无须根，主侧根呈畸形，有时末端反比前端粗。短穗扦插的苗木，可见病根密集成团的现象。病根组织疏松、易折。病株地上部分生长发育不良，植株矮小，叶片发黄，干旱季节发病严重时引起大量落叶以至全株死亡（图4-28）。

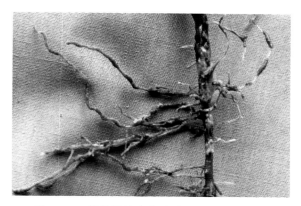

图 4-28 茶苗根结线虫病（汪云刚 供图）

2.发病规律 根结线虫病一年可发生多代，条件适宜时20～30天就能完成一代，以幼虫在土中或成虫和卵在虫瘿内越冬、孵化。幼虫离开根瘤迁入土中，遇茶根幼嫩部分即侵入，并分泌物质刺激根部细胞，形成肿瘤，在其内发育，成虫后雌雄交尾产卵。病根残留组织与带虫的土壤均能传播病害。根结线虫为好气性，因此地势高燥、结构疏松的沙质土壤有利其活动，故发病亦重。一般在土壤表层10厘米处线虫数量最多，最适土温25～30℃，最适土壤相对含水率为40%。幼虫在10℃以下即停止活动。一般熟荒土比没有种过作物的生荒土发病重，熟荒土中又以前作为烟、红薯（地瓜）、蔬菜(茄科、豆类)的发病重。

3.防治方法

（1）苗木检疫。种植苗木进行检疫或选用无病苗圃中的种苗。

（2）土壤消毒。种茶地前茬如果是花生或是瓜蔬类，用98%石棉隆颗粒剂1～2千克/亩与土拌匀后放入种植沟内。

（3）深翻或晒（冻）垡。将茶园或苗圃土壤深翻，可将表土层的线虫翻入深土层内，减少虫口密度。翻耕晒（冻）垡，也可减少虫口密度。

（4）增施肥料。对发病的茶苗，可适当增施氮、钾肥，促进根系生长，提高抗病力。

（5）药剂防治。对发病普遍而严重的茶园，用98%硫酸铜1 000倍液防治。

四、无公害茶园常用农药

为方便使用，无公害茶园常用农药用量、使用方法及安全间隔期列于表4-14。

表 4-14　无公害茶园常用农药用量及安全间隔期

农药	使用剂量（克或毫升/亩）	稀释倍数	安全间隔期（天）	每3个月最多用药次数
40% 乐果乳油	50～75	1 000～1 500	10	喷雾1次
50% 辛硫磷乳油	50～75	1 000～1 500	3～5	喷雾1次
2.5% 三氟氯氰菊酯乳油	12.5～20	4 000～6 000	5	喷雾1次
2.5% 联苯菊酯乳油	12.5～25	3 000～6 000	6	喷雾1次
10% 吡虫啉可湿性粉剂	20～30	3 000～4 000	7～10	喷雾1次
98% 巴丹可溶性粉剂	50～75	1 000～2 000	7	喷雾1次
15% 速螨酮乳油	20～25	3 000～5 000	7	喷雾1次
20% 四螨嗪悬乳剂	50～75	1 000	10	喷雾
0.36% 苦参碱乳油	75	1 000	7	喷雾
2.5% 鱼藤酮乳油	150～250	300～500	7	喷雾1次
20% 除虫脲悬乳剂	20	2 000	7～10	喷雾1次
99.1% 敌死虫	200	2 000	7	喷雾1次
75% 百菌清可湿性粉剂	75～100	800～1 000	10	喷雾
70% 甲基托布津可湿性粉剂	50～75	1 000～1 500	10	喷雾
石灰半量式波尔多液（0.6%）	75 000	—	采摘期禁用	喷雾
45% 晶体石硫合剂	300～500	150～200	采摘期禁用	喷雾

资料来源：2020年3月吴光远"茶树病虫害绿色防控技术"。

第六节　茶叶采摘

茶叶采摘既是个收获过程，又是调节茶树生理机能的栽培措施，也就是说，采茶不仅关系到产量和品质，而且还影响到茶树的长势。比如，按标准该采的芽叶没有采下，影响产量；不该采的采下，叶面积减少，削弱光合作用，茶树生机受损；不按标准采，芽叶大小、细嫩不一，影响加工品质。所以不能简单地将采茶看作是普通的农活，而是必须正确处理好采与养、产量与品质的关系，俗话说采茶工"一手管三家"就是这个意思。

南方茶区历来有"茶叶是个时辰草，早采三天是个宝，晚采三天是个草"的俗语，说明茶叶采摘有很强的时间性。根据北方茶树生长特性和采茶劳力的情况，要尽量做到分批多次采，以防止芽叶生长过于集中产生的"洪峰"，一般春茶以15%～20%的芽叶达到采摘标准就要开采。

一、茶叶采摘的要求

北方相对而言是高纬度低海拔茶区，常年从4月中下旬采至9月底或10月初，全年采摘时间170～180天。比如，日照市春茶产量、产值分别占全年的30%和60%左右，夏茶占全年产量的45%，秋茶占全年产量的25%。按大宗茶采一芽二三叶标准，春、夏、秋茶产量比例为30：40：30。为了兼顾产量、品质和茶树生长，采茶必须遵循以下要求（图4-29、图4-30）。

图 4-29　临沂地区茶叶采摘培训会
　　　　（1972 年摄）

图 4-30　日照巨峰后黄埠用杭州采茶篓采摘
　　　　春茶（1974 年摄）

（一）采叶与留叶

处理好采叶与留叶的关系。生长正常的青壮年茶树可以分批多次采摘，采养结合。春茶发芽多，芽叶内含物质最丰富，生化成分协调，制茶品质最优，价值最高，所以春茶以采为主，留鱼叶采；夏秋茶留叶采；晚秋茶全部采，这样一是可提高茶树抗寒力，二是对次年春茶生长有利。一些生长衰弱或受冻害需要恢复的茶树必须采养结合，以养为主。

春茶采制名优茶的茶区，应先将顶芽采去，以抑制顶端优势，促进侧芽生长，这对产量品质都有利。此外，树冠改造过的茶树为尽快恢复树势，要做到采高养低、采顶养边、采密养稀。

（二）提手采摘法

提手采就是用手指将嫩梢顺势轻轻折断，而不是用指甲掐断或手指将采，否则易使断口泛红，影响品质。要保持芽叶完整、匀净，不夹带蒂头、鳞片、鱼叶、老叶、幼果、病虫叶等（图4-31）。

图4-31　刚萌展的春芽，从下到上
为鳞片、鱼叶、芽

二、茶叶采摘标准

从一芽一叶到叶片成熟，一般需要16～25天。芽梢越大越重，如以一芽一叶新梢为100%，则一芽二叶为200%，一芽三叶为300%，一芽四叶为400%，所以一些生产乌龙茶、黑茶的茶园亩产量就高于主产名优茶的茶园。现在茶园的亩产值主要取决于品质和产量，所以要根据茶类对原料的要求确定采摘标准，而不是以产量定标准。

（一）名优茶采细嫩叶

以采摘春茶一芽一叶初展芽叶或一芽一叶为主，如雪青、御海湾绿茶、沂蒙碧芽等。

除了一些特殊茶类尽量不采单芽茶。采摘过嫩的幼小单芽，花工大，产量低。据中小叶品种茶树测定，长3厘米左右的单芽，平均每个芽只有0.08克左右，制500克干茶（约鲜叶2 100克）需要26 250多个芽。浙江的雪水云绿单芽重只有0.045 5克，制500克干茶需要46 000多个芽。另外，由于单芽内含物还未达到最丰富的程度，往往香味清淡，不耐冲泡，"中看不中喝"，从表4-15可知，茶多酚、儿茶素总量、咖啡碱和氨基酸都是以一芽一叶含量最高。

表4-15 春梢各部位主要化学成分含量（%）

（茶化浅析，1982）

部位	茶多酚	儿茶素总量	咖啡碱	氨基酸	维生素C
芽	21.47	10.92	2.41	2.01	1.03
一芽一叶	21.72	11.74	3.50	3.11	1.22
一芽二叶	20.25	11.14	3.00	2.92	1.59
一芽三叶	18.88	10.89	2.65	2.34	1.46
一芽四叶	16.45	9.54	2.37	1.95	1.30

说明：样本为小叶品种。

（二）大宗茶采适中叶

中档炒青、烘青以及红条茶等，要求鲜叶不宜太嫩或太老，一般是采一芽二三叶和同等嫩度对夹叶。大宗茶虽鲜爽度略逊于名优茶，但滋味醇厚耐泡，尤适合北方消费者口感浓酽的要求。春茶后期以及夏秋茶多采用此标准采摘。

（三）乌龙茶采开面叶

当新梢生长快休止时，采摘顶端的2～4片嫩叶俗称"开面采"。开面有小开面、中开面、大开面，用对夹一叶与对夹二叶的叶面积之比来表示：小开面是指对夹一叶≤1/3对夹二叶，大开面是指对夹一叶≥2/3对夹二叶，1/3对夹二叶＜中开面＜2/3对夹二叶。一些著名的乌龙茶都有特定的采摘标准，如铁观音、黄金桂要求"小至中开面"采，肉桂、奇兰等要"中开面"采。如采摘过嫩，加工成的乌龙茶色泽红褐，香气低，滋味涩，如采得粗老，外形松泡，色泽干枯，香气不悦，滋味淡薄（图4-32）。

图 4-32　开面叶（左大开面，中中开面，右小开面）

三、采茶机采茶

据统计，现今茶叶成本的40%是劳动力，而劳动力的50%～80%是采茶工。采茶工紧缺已是普遍性的问题，所以实行机器采茶，"以机换人"势在必行。针对现阶段生产的茶类以及采茶机的性能，适用的采茶机有单人采茶机和双人采茶机。

（一）采茶机（修剪机）工作原理及对品种和茶树栽培的要求

采茶机与茶树修剪机均是根据往复切割式原理制造的，切割器由上下两排多齿刀片组成，彼此做反向往复动作，当相邻的两个刀齿之间遇到芽叶或枝条时，即将其快速切（割）下。由于剪齿对剪采对象没有选择性，碰到的芽叶不分老嫩长短、叶片枝干全部剪下，达不到采摘标准要求，尤其是难符合名优茶采摘标准。当前生产中常用的有单人采茶机和双人采茶机，但智能化的采茶机即选择性很强的采茶机还正在创制中。2020年浙江绍兴春茗科技公司创制的单人手提电动折断式采茶机(型号ZC-F12-135)，可用于一芽一二叶采摘，机采芽叶完整率达到97%。为了提高机采效果，除了采茶机功能上加以智能化外，还需要从品种特性和树冠养成上予以配合。

1.**适合机采品种**　要求发芽期整齐一致，即物候期的一致性达70%～80%。芽叶形态舒立状，芽叶着生角度＜25°，因披展状易被剪碎。芽叶节间较长，尤其是鱼叶与一叶之间的长度不小于1.5厘米，让剪齿有一定的上下空间。

2.**树冠养成及管理**　适合机采茶树树冠要养成平形或略有弧形，树冠高60～70厘米，行间要有30厘米左右的操作道。春茶前蓬面进行一次轻修剪，以促使发芽整齐一致。机采会使采摘枝增密，叶层变薄，芽叶变瘦小，影响产量品质，所以需要每隔2～3年进行一次深（中）修剪，并重施有机肥。

（二）单人采茶机

单人采茶机头与动力机之间有软轴相连，由单人背负汽油机手持采茶机头进行作业。汽油机功率0.8千瓦，作业效率为0.3～0.4亩/（台·时）。操作方便灵活，适合在地形复杂、地块较小和陡坡茶园中使用。

作业时，一般由二人组成一个作业组，一人背负汽油机，双手持机头进行采摘，另一人进行集叶袋的拉动及鲜叶满袋后的换袋。二人相互轮换操作。采茶时从茶蓬边缘采向茶蓬中间，并与茶行轴线的垂直线保持15°左右的倾斜。一条茶行采一个来回，回程要挨着去程的采边采，这样可避免漏采重复采。拉集叶袋者要与机手配合默契，以免集叶袋被误剪。

（三）双人采茶机

双人采茶机是当前使用最普遍的采茶机，由汽油机、减速往复机构、刀片、集叶风机与风管、集叶袋和机架等组成。汽油机功率1.2千瓦，作业效率为1.5～2.0亩/（台·时），效率高，适用于面积较大的平地、缓坡茶园采摘。

采摘时由两人手抬采茶机跨行作业，即机器置于茶蓬之上，采茶机手分别在茶行两侧。主机手位于离汽油机的一端，在主机手手持的主操作把上，装有离合器和油门操作手柄，由其控制油门和离合器，并控制采摘高度。副机手位于汽油机的一端。一般是五人组成一个机采作业组，两人担当主、副机手，两人跟随其后拉动集叶袋，另一人做辅助工作，作业组人员要轮换操作。一般茶树行距为1.5米，茶蓬采摘面1.3米，采茶机切割幅宽为1.0米。作业时副机手要比主机手置后40～50厘米，使采剪与茶行轴线有一约60°的夹角。成龄茶园采摘，同样需要一个来回也即两个行程完成一行茶树的采摘，一般是去程采60%，回程采40%。

不论是何种机采，必须防止机械的油气污染，保证鲜叶安全卫生。

（四）鲜叶分级机

目前的采茶机对采摘芽叶缺乏选择性，造成机采鲜叶大小不一、甚而混有老叶枝梗，难以符合标准要求。为此，需要有配套的鲜叶分级机。浙江宁波市姚江源机械公司生产的鲜叶分级机,通过筛板将鲜叶分筛,筛板孔径分别是6毫米×20毫米(椭圆形孔径)、18毫米(圆形)、30毫米(圆形),这样可将鲜叶分为四档。一档叶较碎,用于加工片茶;二档鲜叶较嫩,可进一步分筛出嫩度较好的芽叶加工名优茶,因机采鲜叶量大,可满足名优茶原料的选用;二档筛出的较大叶片和三、四档叶用于加工不同等级的中高档红绿茶。

四、鲜叶验收与贮运

鲜叶验收贮运是保证茶叶品质的田间最后一关。主要有以下几方面。

(一)鲜叶验收

茶叶采下后必须及时过秤验收,这对指导采工采摘,保证鲜叶品质,实行产品追溯都很重要,也即从源头上杜绝不合格鲜叶进入工场。

1.嫩度　是鲜叶分级的依据,主要看芽叶比例和嫩度是否符合分级标准。现将日照绿茶鲜叶分级标准(DB37)列于表4-16,以作参考。

表4-16　日照绿茶鲜叶分级标准(DB37)

等级	标　　准
特级	一芽一叶初展至一芽一叶,一芽一叶初展为主,一芽一叶≤10%。芽叶完整、匀净
一级	一芽一叶至一芽二叶初展,一芽二叶初展≤15%。芽叶完整、匀净
二级	一芽二叶至一芽三叶初展,一芽三叶≤20%。芽叶完整
三级	一芽二、三叶和同等嫩度对夹叶

2.匀净度　要求同一地块茶园同批采下的鲜叶老嫩、大小基本一致。不可夹带破损叶、老叶、枝梗、茶果以及非茶等杂物。

3.新鲜度　芽叶清亮鲜活,凡是红变或有酒精味等均不可取。

此外,要做到上下午叶、晴天叶雨水叶、不同品种叶分开盛放,否则不利于加工,影响品质。

(二)鲜叶贮运

盛装鲜叶的采茶篓和运输器具,必须使用清洁、通风的竹编、网编、竹篮或篓筐，也可使用不锈钢筐或食品级的塑料筐。不得使用布袋、塑料编织袋等，禁止使用盛装过农药、化肥或鱼肉制品的器具。使用前用自来水清洗干净并经阳光晾晒。每个茶篓需写上编号和自重，采工使用固定的编号茶篓，以方便管理和记录采摘数量。鲜叶需及时运到工场。运输车辆必须清洁卫生，不得与其他物品混装。在鲜叶盛装、集运和贮放过程中，要轻放、薄摊、轻翻，不得揿压、日晒、雨淋，以减少机械损伤，防止变质。

第五章 有机茶园建设和栽培管理

我国有机茶生产始于1990年，30年实践证明，有机茶生产对带动茶叶质量安全、环境保护、先进农业技术的推广应用起到了积极的作用。

有机茶是一种在栽培和加工过程中不得使用化学合成肥料、农药、除草剂、添加剂、生长调节剂和转基因技术的产品。由于不会出现环境变差、土壤破坏、茶叶受污染等问题，是属于最安全卫生的茶叶，在国际市场比较畅销。因此，有机茶生产对环境条件要求十分苛刻，对栽培措施要求非常严格，如茶园生态环境要求空气清新，水质纯净，土壤未受污染，空气、水和土壤主要限制污染物二氧化硫、氮氧化物、氟化物和汞、镉、砷、铬、铜等必须在规定的质量标准范围之内；茶园不得施用化肥、城市垃圾，要施绿肥、饼肥和植物残体为主的有机肥；主要采用综合防治措施来减少病虫害为害。此外，在采制加工和包装过程中要防止一切污染，不得用聚氯乙烯（PVC）、膨化聚苯乙烯（CFC）等作包装材料，可用纸板、聚乙烯（PE）、铝箔复合膜、马口铁听、白板纸、内衬纸等材料，最好用无菌包装、真空包装或充氮包装。在贮藏过程中要严禁使用防腐剂、熏蒸剂和杀虫剂。

第一节　有机茶园建设

茶园是茶叶生产的第一车间。有机茶生产的首要条件是鲜叶必须来自经过认证的有机茶园，这个茶园可以是新建，也可用常规生产茶园转换。

一、新建有机茶园

（一）环境条件选择

有机茶园要远离城市、村镇、交通干线、厂矿和生活区等，最好建在山区或有森林作屏障的林地内（图5–1）。先要由有关部门按照农业行业标准NY 5199—2002《有机茶产地环境条件》，对供建园的土壤、空气、水源质量标准进行检测，表5–1、表5–2中只要有一项不合格，就不符合有机茶生产对环境条件的要求。

图 5–1　有机茶园生态环境

表 5-1　有机茶园土壤质量标准（单位：除 pH，其他为毫克 / 千克）

项目	pH	镉	汞	砷	铅	铬	铜
浓度限值	4.0 ～ 6.0	≤ 0.20	≤ 0.15	≤ 40	≤ 50	≤ 90	≤ 50

表 5-2　有机茶园环境空气质量标准

项目	浓度限值	
	日平均浓度	1 小时平均浓度
总悬浮颗粒物（TSP，毫克 / 米^3）	0.12	—
二氧化硫（SO_2，毫克 / 米^3）	0.05	0.50
二氧化氮（NO_2，毫克 / 米^3）	0.08	0.15
氟化物（F，微克 / 米^3）	7	20

有机茶园灌溉水源中各项污染物浓度限值除石油类 ≤ 5 毫克 / 升外，其他同无公害茶园，见表 4-4。

（二）茶园建设

在上述环境条件符合有机茶生产要求后再进行茶园建设。需要强调的是，有机茶园周围 1 000 米范围内，不得有苹果、葡萄等果园，以免果树施药影响到茶园。

1.品种　按生产茶类选用适制的优质高抗的品种，参照第四章第二节茶园建设。

2.建立隔离带　在有机茶生产区有可能受到邻近种植作物的影响，最常见的是禁用的化学农药漂移等。因此，在无天然屏障的（如山岭、湖泊）地方必须在茶园周围设置隔离带或缓冲区，可以种植防护林、遮阳树等以及自然生长的茶树（这类茶树不作为有机茶栽培）隔离。

3.土壤开垦　同无公害茶园建设，见第四章第二节茶园建设。

4.路沟设置　同无公害茶园建设，见第四章第二节茶园建设。

5.栽植密度　同无公害茶园建设，见第四章第二节茶园建设。

二、常规茶园转换为有机茶园

利用常规茶园转换为有机茶园，可以免去大量的基本建设工程，不失为又快又省的途径。但也有严格的要求，一是原有茶园产地必须符合农业行业标准NY《有机茶产地环境条件》标准要求；二是从申请有机茶认证之日起要有36个月的转换期，但撂荒或失管在3年以上的茶园可缩短至12个月；三是在转换期内必须按照NY/T 5197—2002《有机茶生产技术规程》要求进行管理和操作，即不得使用任何禁止施用的肥料和农药；四是转换期结束后要有认证机构认证后方可正式确定为有机茶园。

第二节 有机茶园管理

一、覆盖与间作

新建幼龄茶园茶苗定植后即用玉米秆、山草、稻草等进行根际覆盖。1～3年内茶行间种植花生、豇豆、大豆等绿肥作物，在盛花期及时刈割翻埋。茶园投产后不再间作。

二、施肥

施肥是有机茶园管理中最关键的措施之一。

1.禁用化学肥料 有机茶园禁止施用人工合成的化肥，受污染的有机肥，未腐熟的人、畜、禽粪便，工厂废弃物及城市垃圾、污水污泥等。禁用肥料有硫酸铵、尿素、碳酸氢铵、氯化铵、氨水、硝酸钙、石灰氮、磷酸一铵、磷酸二铵、磷酸二氢钾，各种复合肥、复混肥、硫酸镁（土施）、硫酸亚铁、过磷酸钙、硫酸钾、氯化钾、硝酸钾、钢渣磷肥、磷石灰、烟道灰、窑灰钾以及含有化学表面附着剂、渗透剂及合成化学物质的多功能叶面营养液、稀土元素肥料等合成的叶面肥。

2.施有机肥料 如豆科绿肥以及经过渥堆过的山草、水草、园草等。未施用过化学农药和除草剂的各种农作物秸秆。经过堆腐和无害化处理的家畜、家禽粪便。经过堆腐过的菜籽饼、豆饼、花生饼、棉籽饼、桐籽饼等。未经过化学处理过的血粉、骨粉、皮毛粉、蚕蛹、蚕沙等动物残体或制品。没有受污染和不含有害物质的磷矿粉、钾矿粉、硼酸盐、微量元素、镁矿粉、天然硫黄、石灰石等天然矿物和矿产品。钙镁磷肥、脱氟磷肥等煅烧磷肥。沼气发酵后留下的沼液和沼渣。

3.商品有机肥 市售的商品有机肥、有机复混肥、活性生物有机肥、有机叶面肥、微生物制剂肥料等应通过有机认证或经认证机构许可的方可使用，如以动、植物为原料，采用生物工程而制造的含有各种酶、氨基酸及多种营养元素的有机叶面肥。经过无害化处理的禽畜粪便加锌、锰、钼、硼、铜等微量元素采用机械造粒的半有机肥。以生物发酵工业废液干燥物为原料配以经无害化处理的禽畜粪便、食用菌下脚料混合而成的发酵废液干燥复合肥等。

4.微量元素肥料 有机茶园常因施肥不足出现缺肥现象，尤其是常出现缺素症，这类茶园可以喷施经有机认证机构认证过的叶面肥，如硫酸锌、硫酸铜、硫酸锰、硫酸镁、钼酸铵、硼酸、硼砂等微量元素肥料。叶面肥宜在下午3时后喷施，要将叶片正、背面全部喷湿。喷后如两天内下雨，需重复喷施。

三、病虫草防治

有机茶园禁止施用一切化学合成的杀虫剂、杀菌剂、杀螨剂、除草剂，主要采用综合措施防治，必要时可用微生物源农药、动物源农药、植物源农药和矿物源农药等。按照NY/T 5197—2002《有机茶生产技术规程》，将有关内容列入表5-3，可因地制宜参照采用。

表5-3 有机茶园病虫害防治允许和限制使用的农药和条件

种类		名称	使用条件
生物源农药	微生物源农药	多抗霉素（多氧霉素）	限量使用
		浏阳霉素	限量使用
		华光霉素	限量使用
		春雷霉素	限量使用
		白僵菌	限量使用
		绿僵菌	限量使用
		苏云金杆菌	限量使用
		核型多角体病毒	限量使用
		颗粒体病毒	限量使用
	动物源农药	性信息素	限量使用
		寄生性天敌动物，如赤眼蜂、昆虫病原线虫	限量使用
		捕食性天敌动物，如瓢虫、捕食螨、天敌蜘蛛	限量使用

（续）

种类		名称	使用条件
生物源农药	植物源农药	苦参碱	限量使用
		鱼藤酮	限量使用
		除虫菊素	限量使用
		印楝素	限量使用
		苦楝	限量使用
		川楝素	限量使用
		植物油	限量使用
		烟叶水	非采茶季节
矿物源农药		石硫合剂	非生产季节
		硫悬浮剂	非生产季节
		可湿性硫	非生产季节
		硫酸铜	非生产季节
		石灰半量式波尔多液	非生产季节
		石油乳油	非生产季节
其他		二氧化碳	允许使用
		明胶	允许使用
		糖醋	允许使用
		卵磷脂	允许使用
		蚁酸	允许使用
		软皂	允许使用
		热法消毒	允许使用
		机械诱捕	允许使用
		灯光诱捕	允许使用
		色板诱杀	允许使用
		漂白粉	限制使用
		生石灰	限制使用
		硅藻土	限制使用

茶园杂草主要采用人工薅锄或者放养羊畜、鸡鸭家禽等啃食。

第三节 有机茶认证

　　有机茶生产环境和品质一般不能通过终端产品直观地反映出来，从有机茶的感官上评鉴，也很难区别于常规茶。为了维护生产者和消费者的权益，保证有机茶产品的真实性，必须对有机茶的生产过程和终端产品进行监督和认证，也就是说，只有通过认证机构认证过的茶园才是有机茶园，持有《有机产品证书》单位生产的茶叶才是有机茶。所以，生产单位自始至终都必须与认证机构建立关系。

　　目前有机茶认证业务机构，国际上有欧盟认证（IMO）、德国认证（BCS）、日本认证（JONA）等。国内有杭州中农质量认证中心（中国农业科学院茶叶研究所内）、浙江万泰认证公司、中绿华夏质量认证中心、浙江方圆认证公司、浙江公信认证公司、南京国环认证中心等。

第六章　低产茶园改造

　　一般而言，亩产名优茶低于5千克的茶园称之为低产茶园。据粗略统计，山东中低产茶园面积约有5万多亩，如果控制现有面积，即使不发展一亩新茶园，将中低产茶园恢复到正常水平，即每亩增加3～5千克，就可使全省年产量增加约15万～25万千克，效果十分明显。造成低产茶园的原因是多方面的，一是茶树的产量周期所决定，茶树在种植后10～30年内产量处于高峰期，高产持续期20～30年，以后随着树龄的增加，产量会逐步下降，这是自然规律。山东"南茶北引"期间种植的茶园，目前大都已有五六十年，已过了盛产期。还有一些茶树尽管还处在青壮年期，但由于立地条件较差，或是常年遭受冻害，或是管理粗放，茶树未老先衰，导致茶树发芽力弱，芽叶瘦薄，产量低。凡坡度25°以下和土壤基础较好的低产茶园通过树冠复壮、土壤改良、补种改植等措施，仍可达到高产优质茶园的要求。当然，低产茶园改造不可能一蹴而就，需分年实施，就一个种植户来说，一次改造的茶园面积以总面积的15%～20%较合适。

第一节　树冠复壮

树冠复壮是利用茶树根颈部阶段发育年青，再生能力强的特性，采用深修剪、重修剪、台刈等方法，剪去主干或枝干，促使侧芽和潜伏芽萌发生长，重新培养骨干枝和采摘枝，构建健壮的新树冠。同时，枝干的更新，打破了地上部与地下部的平衡，促进了根系生长，达到根深叶茂的目的。正常情况下每隔5～6年进行一次深剪或重修剪，树势衰弱或遭受严重冻害的进行台刈。深修剪和台刈后，要加强肥培管理，促使茶树尽快恢复树势。

一、深修剪

连续多年的采摘尤其是机采茶园，茶树蓬面会出现大量的鸡爪枝、细弱枝，芽叶瘦小，叶张变薄，影响产量品质，因此必须进行深修剪，在春茶结束的5月底或6月初进行。修剪深度视茶树生长情况，一般剪至蓬面以下10～20厘米，以平面剪为主。当年深修剪的茶树夏茶留养，秋茶打顶采，第二年起按投产茶园正常采摘。要增施基肥。

二、重修剪

适用于半衰老或未老先衰以及冻害较严重茶树。在春茶结束后进行，用单人或双人重修剪机离地30厘米高剪，也可按茶树1/3～1/2的部位剪去。修剪当年夏茶不采，秋茶留3～4叶采，以养蓬为主。秋季施基肥配施15千克硫酸钾/亩，次年春茶适量多施氮肥。以后2～3年内每年春茶后提高5～10厘米修剪，当茶树高度达到60厘米左右就可正常采摘（图6-1）。

图6-1　重修剪

三、台刈

适用于芽叶萌发力差的衰老或严重冻害茶树。在春茶结束后的5月下旬或6月上旬，离地5～10厘米处用台刈剪或圆盘式台刈机将枝干全部剪去，剪口不可撕裂。台刈当年不采摘，注意越冬防冻。第二年春茶养梢，到形成对夹叶时摘去顶部2～3叶，秋茶留1～2叶采。当树高达50厘米左右，第三年即可正常采摘。台刈当年秋季施基肥配施

图6-2　台刈

15～20千克硫酸钾/亩。次年春茶同样要多施氮肥（图6-2）。

四、修剪机修剪

茶树修剪、台刈是繁重的体力活，机器修剪省工、省力、效力高，被广泛采用。

（一）按作业分修剪机

1.**轻修剪深修剪机**　轻修剪机适用于蓬面深度10厘米以内的修剪，深修剪机适用于10～20厘米的修剪。有单人手提式和双人担架式两种，机械结构两者基本相同，惟轻修剪机刀齿细长，深修剪机刀齿宽短。单人修剪机工效约为0.3亩/（台·时），双人修剪机为1～1.5亩/（台·时）。

2.**重修剪机**　适用于离地面30～40厘米的修剪。修剪机刀齿较宽厚，切割器刀片为平形，茶蓬可修剪宽度80或120厘米。手抬式修剪机，需3人作业，功效约1亩/（台·时）。

3.**台刈机**　用于衰老茶树离地5～10厘米的切割。以直径为22.5或25厘米、齿数≥80齿的圆盘锯片式最适用，切口平整，效率高，适用于各种衰老茶树台刈，工效约0.3亩/（台·时）。

（二）按操作方式分修剪机

1.**手提式单人修剪机**　适合幼龄茶树的定型修剪、成龄茶树的轻修剪以及茶行的修边。有燃油型机和蓄电池电动机两种。燃油型汽油机每小时可修剪约

0.3亩，适用于修剪枝干直径小于10毫米的枝条。电动修剪机则多用在轻修剪和重剪后的茶行修边，优点是没有燃油机尾气污染和噪声。剪下的枝条，由装在刀片后部的导叶板直接抛撒于茶行间，辅助人员主要是将掉落在树权上的枝条进行清理。

　　2.双人修剪机　双人修剪机根据刀片形状分为平形和弧形两种。平形修剪机主要用于幼龄茶树的定型修剪和成龄茶树的重修剪。弧形修剪机用于茶树的轻修剪和深修剪。双人修剪机是燃油型动力机，具有性能稳定、动力足、耐用、故障少等优点，功效1.5～2亩/（台·时），是单人修剪机的5～6倍，相当于人工作业的30～40倍。缺点是有尾气污染和噪声。作业时由两人手抬修剪机跨于茶行，来回两个行程完成一行的修剪。一般由三四人组成一个作业组，其中二人当主、副机手，另外人员将修剪掉落的枝条给予清理并备作轮换。

　　3.台刈机和修枝剪　目前茶树台刈工具主要还是用整枝剪、手锯等。浙江川崎茶业机械公司的CZG-40型侧挂式中割机及BZG-40型背负式中割机，用直径23厘米、80齿以上的转动圆盘锯片将枝条切断，适用于数量多的茶树台刈。作业时二人一组，一人操作切割机，一人进行枝条清理等辅助工作，也作操作手的替换者（图6-3、图6-4）。

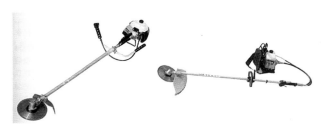

图6-3　圆盘式切割机（权启爱　供图）

零星或数量少的台刈或抽刈可用林用修枝剪。

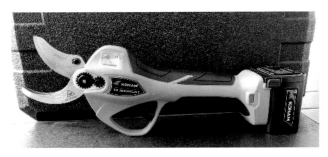

图6-4　修枝剪（权启爱　供图）

第二节 土壤改良

北方低产茶园土壤的特点是，沙性重、土层浅、漏水漏肥，即使施再多的肥料，效果也不明显，因此必须从改良土壤上着手。

一、加厚土层

南方茶区农谚："土宽一尺，不如土厚一寸""若要肥，泥加泥，生泥加熟泥，抵上一次肥""一年加土三年好，春天少除草，夏抗旱，冬保暖"，足见加土的好处。加土的数量根据土层厚薄而定，土层较薄的茶园最好用腐殖质较丰富的荒地表土或是山地心土作为客土，加培在茶行周围。土源较缺乏的地方可采取"抽槽换土"法，即沿着茶树树冠垂直下方开挖深宽约30～40厘米的沟或坑，将挖出的土放置表面熟化，将客土填入沟或坑中。加土前先要了解客土和茶园土壤的pH和松黏性的匹配情况，做到沙土掺黏土，黏土镇沙土，碱性土不用，这样既增厚了土层，又改良了土壤质地。原是坟茔地或宅基地土壤偏碱的茶园，可开沟施硫黄粉25～50千克/亩，或硫酸亚铁30～60千克/亩。追肥可施酸性化肥硫酸铵20千克/亩。

二、砌坎保土

多用于未建梯坎的陡坡等高低产茶园。土壤沙性强，雨天最易引起土壤冲刷。修筑石坎、土坎或草皮坎是防止水土流失最有效的方法。未建永久性地坎的，雨季可临时用秸秆等筑成挡泥墙，可起到一定的防护作用。

三、深耕施肥

土层厚度少于50厘米，底层有明显塥层的，或者耕作层低于30厘米的土壤，结合耕作，每年在行间深翻。土壤瘠薄缺乏有机质的茶园，必须坚持年年施基肥（详见第四章第四节投产茶园管理）。

第三节　园相改造

茶园面貌又称园相，园相的好坏不仅影响茶叶产量品质，而且还关系着生态环境。改园主要是指将品种混杂、缺株断垄或茶树长势不好的茶园进行改造。

一、汰劣存壮

例如山东早年种植的龙井种、黄山种、鸠坑种等群体品种，因个体间性状差异大，树冠参差不齐，芽叶形态混杂，发芽早晚不一，不符合现代标准茶园的要求，可将茶蓬矮小，发芽特晚，叶张瘦薄，历年易受冻的植株挖去，用经过筛选的相同品种茶籽苗替换。

二、补丛加密

常年遭受冻害或土壤渍水造成茶园较大面积缺株断垄的，需要补丛加密。采用大龄茶苗移栽或茶籽直播的方式种植。因土壤渍水造成为害的，首先需要排除潴水层。茶园坡度超过15°的，修筑梯坎，加土增肥（茶苗移栽或茶籽直播方法见第四章第二节茶园建设）。

三、换种改植

低产茶园换种更新方式主要有改植换种和嫁接换种两种方式。

（一）改植换种

一是针对那些树龄老、缺株多、产量低和规划设计不标准的低产茶园，采取一次性挖掘茶树，按标准茶园重新规划设置道路、喷灌设施和防护林等，进行必要的土壤深翻，修建梯坎，种植优质高产抗寒性强的品种。二是园相较好仍有一定产出的低产茶园，可在老茶树行间套种新的品种，待新种茶树投产后再挖去原有老树，这样在前期仍有一定的收入。需要注意的是，新种茶树成龄后必须将原有茶树全部挖去。一般是春茶结束后挖老树，同时把树根和地上部分枝叶清理出园；全面土壤深翻60厘米以上，夏日晒垡，冬天冻土，起到疏松土壤、减少连作障碍作用，并重施有机肥（换种品种选用见第四章第二节茶园建设）。

（二）嫁接换种

嫁接也是换种改植方法之一。嫁接换种除了用于老品种改换新品种外，还可根据观光茶园需要嫁接特色茶树。南方很多茶区采用嫁接换种法进行低产茶园改造或品种替换，取得了很好的效果。用来嫁接的树称作砧木，嫁接用的枝条称接穗。用作砧木的茶树一般生长多年，根系发达，吸肥力强，充分利用深层土壤中的营养物质，可比新种茶树多吸收氮和钾各30%、磷80%，所以养分能集中供给接穗生长，一般嫁接后一两年内就可成园投产，尤其是还可免去熟土栽培土壤改良问题。据测算，嫁接换种比改植换种约少投资30%～50%，一般每亩需1 000～1 500元，而种植一亩无性系品种新茶园需要2 000元左右，且可提前三年成园，收回投资仅一两年。可见，相对于换种改植，嫁接具有成活率高、投资少、成本低、见效快、效益高等优点（图6-5）。

图6-5 茶园嫁接换种

1.嫁接时间 在茶树地上部处在休眠期、接穗有健壮芽时进行。日平均温度23～26℃时，茶树枝干形成层活动较旺盛，此时最有利于嫁接。北方适宜的嫁接时间是6月下旬到9月上旬。嫁接不宜在寒冬、高温、烈日和雨天进行。成龄茶树选择健壮骨干枝作砧木，幼龄茶树用主干作砧木。从供穗茶树上剪取健壮枝条中部作接穗。

2.嫁接方法 嫁接工具有枝剪、小手锯、嫁接刀、白色薄膜等。

分高位嫁接和低位嫁接。高位嫁接将作为砧木茶树的枝干离地20～30厘米剪平，低位嫁接是在离地5～10厘米处剪去枝干。北方灌木型茶树适合低位嫁接。嫁接时，取树干直径1.0～1.5厘米、生长健壮的茎干作砧木。选用供作插穗的半木质化枝条（与短穗扦插枝条相同），剪取茎长2.5～3.5厘米带有不超过0.5厘米长腋芽的短穗作接穗，再将穗的下部削成楔形斜面（图6-6）。

图6-6 削成楔形的接穗（者跃达 供图）

用劈接法嫁接，在砧木中部用嫁接刀纵切一刀，切缝长度要与接穗斜楔面长度相等或略长，再将接穗插入靠一边的韧皮部，并使砧木与接穗形成层吻合，用宽约3厘米、厚0.015毫米白色薄膜自下而上扎紧，接口及接穗芽眼要露出。形成层是生长最旺盛的地方，它位于木质部和韧皮部之间，接穗可从韧皮部和木质部吸收养料和水分，使自身不断分裂，从而长成新枝。接后用遮光率60%的遮阳网遮阳，如土壤干旱，茶树根部浇水（图6-7）。

图6-7 嫁接口捆绑（者跃达 供图）

　　3.嫁接后的管理　这非常重要。一般在嫁接后50天左右，用刀将薄膜割断，以免薄膜嵌入接穗，影响生长；二是抹除砧木上的不定芽，尤其是春茶萌发的芽，如不去除，长成后的砧木枝条会与接穗枝混合，达不到品种更换的目的，失去嫁接意义；三是及时清除杂草和防治病虫害。嫁接成活后，接穗新枝长到一定高度时进行修剪，培养树冠，夏季注意遮阳和浇水，春季嫁接的入秋后撤去遮阳网。嫁接当年每亩施氮磷钾各为15%的复合肥30～40千克。其他按照正常茶园的管理要求进行。

第七章 茶树越冬与冻害防治

　　北方最大的自然灾害是冻害，不仅会使茶树遭受严重创伤，更会造成大面积减产降质。山东通过几十年的实践和研究，虽然已有一套较为有效的冻害预防和灾后补救措施，但目前还未能从根本上解决冻害问题。按冻害发生的时间和特点，主要有越冬期冷冻害和倒春寒冻害。

第一节　冻害的成因

山东省1966—2011年45年内越冬期间发生10次大的冻害（按春茶减产30%）是：1969/1970、1973/1974、1976/1977、1979/1980、1983/1984、1986/1987、2002/2003、2007/2008、2009/2010、2010/2011冬。其中1979/1980、2010/2011冬为特大冻害，春茶减产达80%左右。冻害还会造成春茶采制推迟一二十天，如胶南市2011年因严重冻害推迟到5月20日才开采。

一、冷冻害气象因素

茶树冷冻害与1月平均气温和极端最低气温以及低温持续时间关系最为密切。据统计，受冻严重的年份1月平均气温都在−1.0℃以下，即1月平均气温低于0℃，极端最低气温低于−10℃，最大冻土深度达10厘米，且持续时间长（表7−1）。如1979/1980冬，五莲县连续40天平均气温在0℃以下，连续两天极端最低气温为−19℃，冻土深度达45厘米，冻害严重（图7−1、图7−2）。

图 7−1　冻枯的茶树（1974年摄）

图 7−2　茶树上结的冰凌（1974年摄）

表 7-1　茶树冻害与气象要素的关系

（朱秀红等，2012）

冻害程度	极端最低气温℃	1月平均气温℃	≤−10℃连续天数	12—2月降水量（毫米）	相对湿度（%）	冻土深10厘米的持续天数
大冻害	−10	−1.0	3 ～ 5	< 50	< 65	< 10
严重冻害	−12	−3.0	6 ～ 10	< 40	< 60	10 ～ 20
特大冻害	−14	−4.5	> 10	< 30	< 55	> 20

2002/2003冬也发生大的冻害。据王延刚、郭见早对日照岚山区棱罗村和莒南县洙边埠村调查，表明冻害程度与冬季土壤相对含水率、冻土深度、翌年春茶产量有着密切的关系（表7-2）。

表 7-2　茶树冻害程度与土壤相对含水率和冻土深度的关系

（王延刚等，2003）

冻害程度	蓬面受冻3厘米	生产枝冻枯	地上部冻枯
20 ～ 40 厘米土壤相对含水率（%）	19.24	18.60	16.17
冻土深度（厘米）	17	26	45
越冬水浇灌土层深度（厘米）	50	30	未浇灌
翌年春茶减产（%）	7.40	33.33	82.65

据江苏连云港市（北纬34°60'）龚云明观察，茶树冻害程度与低温、冻土深度和冬季降水量有着密切的关系（表7-3、表7-4）。

表 7-3　茶树冻害程度与低温冻土深度和降水量关系

（龚云明，1984）

冬期	极端低温（℃）	≤−10℃天数	最大冻土层厚度（厘米）	12—2月降水量（毫米）	冻害程度
1969/1970	−14.2	10	22	39.8	地上部大部分冻死，叶呈赤枯状
1973/1974	−13.1	4	15	23.6	50%茶树冻梢长达10厘米
1976/1977	−13.3	13	25	8.5	极严重，地上部一半以上枯死。叶呈青枯状，根系断裂，枝干开裂
1979/1980	−12.3	5	21	53.8	60%茶树30厘米以上冻枯

可见，低于−10℃天数长、冻土层厚、降水量少是造成严重冻害的主要气象原因，尤其1976/1977冬最为明显（图7-3）。

图 7-3　李联标、王林贤等观察荣成黄山镇庵里
1976 年冬冻害茶树根系（1977 年摄）

表 7-4　不同低温条件下茶树冻害程度的比较

（龚云明，1984）

冬期	极端低温（℃）	≤−10℃天数	冻害程度
1970/1971	−10.9	4	50% 茶树冻梢长达 3～10 厘米
1977/1978	−13.0	1	顶部芽叶受冻，第 3 位叶缘枯焦
1979/1980	−12.3	5	60% 茶树 30 厘米以上冻枯

然而，茶树冻害的情况是极其复杂的，极端低温值大不一定出现严重冻害，相反，极端低温值相对较高，也不一定不发生严重冻害。如表7-4，1977/1978冬虽然最低温度达到−13.0℃，但只有1天，冻害较轻，春茶产量几乎未受影响；1970/1971冬极端低温虽为−10.9℃，但低于−10℃天数有4天，冻害比1977/1978冬严重。1979/1980冬低温持续时间最长，冻害也是最严重。

综上所述，越冬期间冻害的气象特点是：

（1）1月平均气温和极端最低温度低，持续时间长（表7-5）。

表 7-5　1 月气温与冻害关系

单位：℃

平均温度	极端最低温度	冻害程度
0	−10	一般冻害
−1.0	≥ −12	大冻害
−3.0	≥ −14	特大冻害

（2）冬季降水量严重偏少，相对湿度低（表7-6）。

表7-6　11月—2月降水量相对湿度与冻害关系

单位：毫米、%

降水量	相对湿度	冻害程度
50	＜50	一般冻害
＜40	＜40	大冻害
＜30	＜30	特大冻害

（3）越冬前期气温偏高少雨，雨雪后急剧降温。

（4）覆盖茶树积雪白天融化，夜间冰冻，长时间热胀冷缩造成细胞不可逆转的致命伤害。覆盖茶树的积雪如不出现反复的融化冰冻交替现象，对茶树保温是有利的，例如，位于外喀尔巴阡山的黑海边茶园，虽然是世界最北的茶园，因有雪层长时间覆盖，很少发生冻害。

（5）冻土深造成根系和枝干韧皮部损伤或死亡（表7-7、图7-4）。

表7-7　冻土深度与冻害关系

单位：厘米、天

冻土深度	持续时间	冻害程度
≥10	≥5	一般冻害
≥15	≥4	大冻害
≥20	≥2	特大冻害

图7-4　荣成海滩茶园2年生茶树根系冻死
（1977年摄）

二、倒春寒

随着全球气候的变暖，近年来越冬期间发生的冻害频率和程度有所减缓，但早春4—5月的倒春寒危害并没有减少。倒春寒对春茶的威胁最直接，最严重，需要高度防范。

俗话说，"清明断雪，谷雨断霜"，说明北方4月下旬还有晚霜。春季气温极具有不稳定性，当回暖较快时，若遇较强冷空气南侵，就形成霜冻天气。冷空气过境所造成的冻害，属于平流冻害；冷空气过后，由地面辐射降温所造成的冻害称辐射冻害；两者兼有之为平流辐射霜冻，由于叠加作用，这类冻害最为严重。采用最低气温≤4℃作为霜冻指标，也就是说气温达到4℃就会发生霜冻害。这时如果芽叶已经萌动，茶树体内的淀粉就会水解成游离糖，使幼嫩芽叶含水量提高，细胞汁浓度降低，导致芽叶抗冻力减弱，所以最易受冻（图7-5）。如日照1972年3月31日到4月4日，其中3天气温持续下降8℃以上，茶树严重受冻。1979年4月上旬，连续3天低温，莒县气温降至-1.4℃，部分茶树受冻。1987年5月3日受地面冷高压中心控制，夜间辐射降温大，形成晚霜冻，使山东全省春茶严重减产。2002年4月24日18时到25日8时，受强冷空气侵袭，最低温度降至2.6℃，地面最低温度达到-1.0℃，造成严重霜冻，使全省春茶减产60%。

图7-5　倒春寒冻枯的春茶芽叶

三、冻害的人为因素

（1）未选用抗寒性相对较强的品种，如山东早期引种的福建、湖南等品种。

（2）茶园土层浅薄（＜50厘米），未作深翻，茶树根系不深，从土壤中吸收水分有限，造成体内水分长时间亏损。

（3）茶树过度采摘，树势衰弱，抗冻性降低。

（4）有侥幸心理，防护意识淡薄，不采取防冻措施，如未浇越冬水、晚封园、不扣棚、不铺盖草、不打风障、不采取应急措施等。

第二节　茶树冻害的机理及症状

茶树冻害主要是两种类型，一是低温冷冻害，二是霜冻害，表现形式有冰冻、雪冻、干冻、霜冻等。

茶树冻害的实质是由于叶片和茎组织内部水分结冰引起的。当气温降到0℃以下时，细胞间隙的自由水形成冰晶的核心，随着温度的继续下降，冰晶体不断扩大，细胞内部的自由水不断凝结或外渗，造成细胞原生质严重脱水，同时受到冰晶的挤压造成伤害，当缺水和挤压超过一定限度时就会引起细胞原生质不可逆转的损伤，导致大量电解质外渗，各种酶失去活性，引起代谢紊乱，生理活动受阻，最终组织破损，植株死亡。茶树冻害症状有以下几种：

1.赤枯冻害　茶树长时间处于低温下，首先是细胞间隙结冰，胞间的渗透势增大，使细胞内的水分向胞间移动，造成细胞内失水。随着胞间冰晶的不断增大，细胞内水分越来越少，浓度增加，使原生质脱水凝固而变性，最后导致细胞死亡，这样长时间低温所造成的叶片冻害呈赤枯症状（图7-6）。

2.青枯冻害　低温加长时间干旱和大风，冻土层厚达20厘米左右，导致根系吸水困难，大风使叶面水分加剧散发，造成细胞脱水，叶片呈现青枯色，犹如脱水蔬菜。青枯状冻害对茶树为害最严重，往往会导致全株死亡，尤其是幼龄茶树。冻伤的树势也很难恢复（图7-7）。

3.树干冻裂　气温骤降冰点以下时，枝干会出现冻裂，这是由于枝干皮层

图7-6　赤枯状冻害叶片

与木质部温差大所造成的开裂现象，一般在夜间发生，从茎的基部开始，呈现直向或螺旋状开裂，严重开裂的会全株死亡。

4.茶苗冻拔　气温在冰点以下时，苗木与土壤会结合成一冰团，土层下方有较多冰体时，茶苗就会被抬出地面。当白天温度升高后，表层土因冰体融化沉降到原来位置，但苗木仍停留在抬出部位，如此反复多次，茶苗被越抬越高，造成根系折断，枝干输导组织破坏，水分无法运输，不能补偿水分蒸腾损失，造成苗木枯亡，这在黏重土中最易发生。所以苗期防止冻土同样很重要。

图 7-7　青枯状冻害叶片

5.冬日晒伤　在冬季或早春，主干的向南面夜间的冻结与白天的解冻交互发生，而北向面相对平稳，由于南北冰冻的不均衡，造成树干皮层撕裂。遮蔽和涂白可以减少日晒伤。

植物的耐寒性与细胞液浓度、渗透压、全糖量、水分含量、阴性胶体和蛋白质酶活性等都有关系。全糖量高，水分含量低的小叶种茶树耐寒性强。从叶片解剖结构知道，叶片角质层厚、栅栏组织层次多、细胞排列紧密以及叶片质地厚、叶色深绿、树姿较直立的茶树抗寒性较强。这些是选育抗寒性品种的生理和形态特征指标。

第三节　冻害的预防

前已所述，冻害的因素是十分复杂的，各年的"主角"也不一样，因此，冻害的防御也必须是多方面的，但目前还没有完全有效的方法。首先从思想上认识到冻害预防是北方种茶的立足根本，必须高度重视。

一、做好茶园基础建设

（一）选择背风向阳坡地建园

地形与春季霜冻害有很大的关系，据调查，同一品种种植在平地的冻害率为80%，朝南坡是75%，朝北坡是95%，洼地是98%。"雪打高山霜打洼"，洼地冷空气易下沉，最易受冻。所以，新建茶园尽量选用朝南缓坡地，避免低洼地（图7-8）。

（二）土层深厚

图7-8　文登柳林庄茶园石坎挡风防冻（1974年摄）

土层厚度在80厘米以上，下层无墒土或墒土在1米以下。土壤沙性不宜太重，否则易失水造成干枯。

（三）种植防护林

见第四章第一节园地选择与规划。

（四）建立灌溉设施

见第四章第一节园地选择与规划。

（五）树冠修剪

"树大招风"，茶树树冠高度控制在60～70厘米，条件相对较好的茶园可以到80厘米左右。霜冻与树冠的形状也有一定的关系，一般枝梢不修剪的无蓬面茶树比平形蓬面茶树较抗冻，因高低不一的枝条对平流霜有一定的抵消作用。处在北坡和洼地的茶园可将茶蓬剪成向南倾斜的斜面，可减轻一些冻害。

二、采取防冻措施

（一）浇灌越冬水

众所周知，水的热容量大，土壤里的水可保持和调节土壤温度。北方常年降水量少，土壤沙性重。干燥又疏松的土壤热容量和导热率都比较小，白天所接受的太阳辐射热量仅限于表土层温度的升高。到夜间，土壤表层的热量很快散发，土壤深层的热量向上补充，导致全土层温度下降，造成冻土，这是危及茶树安全的重要原因之一，浇灌越冬水是防止冻土的重要措施。要求在11月上旬（立冬前后）浇灌，浇水深度要达到土层30～40厘米，浇灌后即浅刨松土（图7-9）。

图7-9　胶南海青后河西浇灌越冬水
（1972年摄）

（二）幼龄茶树防冻

1.壅土　刚出土的茶籽苗或移栽的一年生扦插苗用壅土法，即利用土壤保温保湿。在11月下旬（小雪前后）将松软土壤壅至苗高的50%左右，12月上旬（大雪前后）再培土到苗高的90%处，留顶部2～3张叶片外露。次年3月下旬（春分前后）分两次将壅土耙去。

2.扣棚　在11月中下旬扣简易小拱棚，每一棚覆盖1条茶行（包括双行条栽）。此法适用于所有幼龄茶树。小拱棚空间小，需注意棚内温度变化，及时开启或关闭两端出风口。降温剧烈时棚外再加盖草苫保暖。

（三）成龄茶树防冻

1.扣棚　有冬暖式大棚（日光温室，一般要加盖草苫），春暖式大棚（不加盖草苫），顶高不低于2米的单体钢塑复合管大拱棚，高度不低于2米的连栋智能温室钢架大棚，顶高不低于1.5米的水泥立柱大拱棚等。大棚搭建时间为11月下旬到12月上旬，亦可在新茶园建园时同时搭建。用得较多的是单体大拱棚，宽度6～8米，跨4～5行茶树，长度不限，用厚0.8～1.2毫米聚氯乙烯无滴薄膜覆盖。一般棚内温度可提高5～8℃，相对湿度可增加15%～20%，温室效应显著。高寒地区大棚的北墙可垒土或砌砖，左右山墙高0.8～1米，用水泥柱作立架，盖膜后再加盖草苫保暖（图7-10）。

据日照市岚山区经验，春暖式大棚12月中旬扣棚，春茶比露天茶园提早20多天开采。冬暖式大棚10月中扣棚，春茶比露天茶园提早40多天开采。

不论何种棚，当棚内温度高于30℃时，就要开启门帘通风换气，温度下降后及时关闭。在4月中下旬先将朝南受光面一侧薄膜揭开，待气温稳定后，再全部揭除。

固定式扣棚茶园管理与常规茶园一样，惟生长时间长，土壤养分消耗多，要适量多施有机肥。此外，棚内温湿度高，易发生病虫害，尽可能不用化学农药防治，尤其要注意农药残留（见第四章第五节茶树病虫害防治）。

图7-10　单体大棚茶园

因棚的建设与管理需要投入人力物力，因此要选择基础好生产潜力大的茶园建棚，以免得不偿失。棚的朝向可因地制宜，要有利于最大程度地接受光照。新建茶园大棚作为固定设施的，则茶树大行距规划1.1～1.2米、小行距30厘米，以充分发挥棚的利用率。

有条件的可在大棚内建光伏设施，即在棚顶装光伏太阳能板，将太阳光能直接转换为电能，用电热器给大棚加温，蔬菜大棚多已采用。北方冬季多晴天，日照时间长，用光伏设施加温，既节能，升温效果又好。长期干旱或空气干燥的地方可在棚架上装置雾喷设施，对增加棚内湿度，保持温度，提高茶叶品质，都有利。还有一种简易方法是在棚内定距离装置热炽灯（类似于浴霸灯），低温时开启，可有效防止棚内温度下降。

2.综合措施　①12月上旬在茶行北侧用秸秆、树枝等打风障。风障虽较简易，但作用明显。据观测，离风障2米远处的风速能降低4～5米/秒，同时可减少近地面空气的涡动，使活动面与空气热量交换减少，5厘米土温可提高3℃左右，起到保温效果。风障要高出蓬面30厘米以上（图7-11、图7-12、图7-13）。②铺草。一是用稻草等直接铺于蓬面，减轻霜雪对枝叶的直接冻害；二是行间地面铺草或铺薄膜。茶行间铺约10厘米厚的草，可使地面温度增加1～2℃，土壤含水率增加1%～3%。铺草或铺膜，要在浇灌越冬水后进行（图7-14）。

3.适时封园　10月上旬后不再采摘茶叶，以防茶树"恋秋"，因发出的晚秋幼嫩芽叶不利于越冬。最后一次采茶采去嫩梢，蓬面不作修剪。春茶前修剪会减弱茶树的抗冻性，应在春茶后修剪。

图7-11 青岛中山公园茶园风障
（1972年摄）

图7-12 日照西赵庄用稻草打风障
（1972年摄）

图7-13 蒙阴演马庄用玉米秆打风障
（1974年摄）

图7-14 日照上李家庄蓬面铺草
（1972年摄）

（四）投产茶园预防倒春寒

目前对付倒春寒所造成的霜冻害还没有特效措施，除了常规农业措施增强茶树抗寒力外，比较有效的方法有覆盖、喷灌、烟熏、用防霜风扇等，在一定程度上可减轻冻害。

1.覆盖　未扣棚的茶园用草、薄膜、遮光率85%的黑色遮阳网或无纺布等覆盖树冠，可以消解平流辐射降温。要在冷空气或寒潮来前3～5天进行。用薄膜覆盖茶行间地面，可保水保温（图7-15、图7-16）。

2.喷灌防霜　利用水热容量较高提高蓬面温度的方法。霜冻发生前，对茶树蓬面进行喷水，以雾滴放热产生热效应，可提高小区域内温度2～2.5℃，增加土壤热容量和空气湿度，从而防止霜的形成。使用时需考虑开机时间、喷水强度、喷头转速、风速等因素。当前一天气象预报最低温度在5～6℃时，在凌晨2点左右时就要开启喷灌，连续喷洒至早上8:00左右太阳升起后停止。喷水强度为3毫米/小时，喷头转速2～3转/分。要连续喷灌，避免间歇时间长使前一阵喷的水在树冠上结冰。

图 7-15　覆盖与不覆盖遮阳网防冻效果的比较　　图 7-16　茶行间地面铺盖薄膜

3. 风扇防霜　风扇防霜是日本茶园普遍采用的防霜冻措施。原理是，冷空气或寒潮侵袭时，白天天气晴朗无风或微风，夜间地面因辐射冷却而降温，离地越近气温越低，温度随着高度的上升反而增加，这就是逆温层现象。茶园逆温层在茶树上方3～4米，上下温差达可达到7～8℃，所以在离地6～7米的高度安装风扇，可将高层温暖空气驱向底层，起到调节作用。防霜风扇回转直径90厘米，俯角30°。当风扇温度传感器探测到树冠层气温低于设定温度4℃时，风扇便会自动开启，近地面的空气受到扰动，上方暖空气流向下层，使树冠温度提高2～4℃，从而防止霜冻害发生，对易出现倒春寒霜冻的平地或洼地茶园有较好效果。每台风扇能辐射1～1.5亩。防霜风扇一次性投入成本较高，且需要电力保障（图7-17）。

图 7-17　茶园防霜风扇

4.熏烟防霜　利用烟雾所形成的温室效应，增加茶园的微域温度。当气温降到2℃左右时在上风口点火生烟，一般可提高蓬面温度1～2℃。青岛崂山区晓望社区茶农在0：00～1：00用烟熏，冻害比未熏烟的茶园有所减轻。

5.用抑蒸保温剂　6501、长风3号有一定防霜作用，但冷空气势力强时，效果不明显。

第四节　茶树冻害后的恢复与补救

冻害发生后及时采取农业措施，以恢复树势，最大限度地减轻或弥补损失（图7-18）。

图7-18　中茶所科技人员田间讲解受冻茶树
补救措施（1972年摄）

一、整枝修剪

受冻严重嫩枝枯死的茶树在气温回升且基本稳定后，在枯死枝条下方2～3厘米处剪去，以防止回枯，冻害严重的进行台刈。不可剪得过早，以防再次受冻。对于仅叶片和芽叶冻伤枝条未受冻的枝条可以不剪。全株死亡的挖去，在雨季及时补种（图7-19）。

图7-19　冻害枯死枝叶不会恢复（2013年5月摄）

二、摘除受冻芽叶

因倒春寒造成春茶芽叶受冻的，则将受冻芽叶及时采去，这样可刺激不定芽早发、多发，以挽回第一轮芽叶的损失。

三、加强肥培管理

（一）浅耕施肥

及时浅耕5～10厘米，疏松土壤。在气温稳定回升后，增施速效肥，非有机茶园施尿素20千克/亩或高浓度复合肥30千克/亩。

（二）重施基肥

待树势恢复后，在9月下旬到10月初重施深施基肥，施饼肥300千克/亩，或农家肥1 000～1 500千克/亩，或有机复混肥20～30千克/亩。非有机茶园同时施过磷酸钙25～50千克/亩、硫酸钾15～25千克/亩。磷钾肥对增强枝干抗性有一定作用。

（三）病虫害防治

灾后易暴发螨类、叶蝉类、叶枯病、轮斑病等病虫害，要及时防治（防治方法参照第四章第五节茶树病虫害防治）。

（四）合理采摘

修剪和台刈的茶树春茶不采摘，以留养为主，可参照第六章第一节树冠复壮。

（五）土壤改良

土壤是提高茶树抗性的基础之一，土层瘠薄或易漏水的地块最易受冻。土层薄的进行深翻或加客土，保证有50厘米以上的耕作层。沙性重易漏水的地块用黏土压沙（方法参照第六章第二节土壤改良）。

四、建立越冬农事档案

越冬农事档案的建立，对了解当地的冬季气候特点、冻害发生规律和冻害的为害状况，采取有针对性的预防措施，以及做好灾后的补救管理等都有着重要的意义。档案积累的时间越长越有价值。主要有：①越冬期间的气象情况、突发灾害的原因；②冻害的类型、严重程度以及与气象的关系；③越冬采取的防护措施及防冻效果；④灾后的主要补救措施和栽培管理技术。

第八章 观光科普茶园建设

随着人们生活质量的提高，社会对茶的需求也日益多元化，从单纯的喝茶转变为采茶、制茶、鉴茶、评茶一体化的"品茶悟道"；从单一的栽培加工、市场营销发展到需要构建科技普及、茶艺演练、饮茶保健、休闲度假等集一、二、三产业于一体的产业链。因此，以茶为主题，以茶为载体，通过茶产业、旅游业和相关配套服务业打造的茶旅一体化项目正在各地悄然兴起。建设以栽培茶园为主体的旅游中心，如观光茶园、家庭茶场、茶家小院、茶体验室、休闲茶馆、特色茶餐厅、茶叶小镇等，使茶区变景区，茶园变花园，采茶制茶变休闲活动，已是茶产业的重要组成部分。

观光科普茶园，是利用茶园区位优势、自然环境优势、科技优势，结合茶叶生产技术，为大众提供观光、体验、消费、休闲活动的场所。作为茶叶生产基地需要有茶叶生产设备和场所；作为科普基地需要有新技术、新创造、新成果；作为游览区，需要有艺术性、观赏性和茶文化性。

整体规划布局上要合理，功能分区要明确。从全局出发，统一安排，使各馆区之间相互配合，协调发展，构成一个有机整体。环境要优美，茶园、树木、花草要占土地面积的50%以上。建筑外观、形式、色彩、材料及空间尺度与周围环境要协调。园区内无裸土，无荒地，水面无污染。

第一节　茶叶园馆建设

一、茶叶体验馆

体验馆要融茶的知识性、观赏性、可参与性于一体。让来访者能参与采茶、制茶、品茶、鉴茶等实践活动，如根据需要，采摘鲜叶，按茶类制作工艺加工，自行设计包装图案，茶叶既可作为自己的劳动成果收藏，又可作为作品赠送。再有打造以当地特色茶为主的产品，提供各类各档次茶叶。使游客在体验中学到茶知识，增厚饮茶兴趣。

二、茶叶科技馆

主要承担茶叶科学技术普及和茶叶技能培训等任务。陈列室配有影像、图片、茶树标本、茶产品等资料实物，方便学习人员进行系统或单项学习。利用观光茶园、加工厂和多媒体教室（可进行远程视频会议、远程信息交流）开展线上或线下的茶叶实用技术如茶园栽培管理、茶叶加工、茶叶品质鉴别等培训，让学员学到现代茶叶科学技术知识和市场经济信息。

三、民族茶文化馆

我国是多民族国家。少数民族对茶都比较崇尚，茶融入各民族的生产生活之中。建设融茶文化、民俗文化、民族文化为一体的民族茶文化馆，就是用来挖掘和展示傣族、拉祜族、布朗族、彝族、白族、瑶族、侗族、藏族、蒙古族、维吾尔族等的茶具及茶俗、茶道、茶食、茶疗、茶歌、茶礼仪、茶婚俗等优秀内容。编排民族茶艺节目，让游客在领略各民族风情的同时，感受到民族茶文化的魅力（图8-1）。

图 8-1 爱伲族饮烤茶

四、茶文化鉴赏馆

环绕"以茶雅志，以茶会友，以茶敬宾，以茶悟禅"等主题来构建。收集历代伟人名人茶诗、茶赋，制作成碑帖供鉴赏。在山东沂蒙山区、胶东半岛、河北太行山区等地还可引入红色经典故事，融入革命传统教育。

五、休闲度假区

供较长时间的观光休闲之用。如建设度假茅（木）屋，度假小别墅等设施，延长游客在园区内停留的时间，增强休闲度假功能。

 # 第二节 观光茶园建设

观光茶园由特色茶树、林木和藤本植物等构成。在现有茶园基础上，采用园艺手段，种植不同色彩叶片和形态的乔木、灌木植物，合理搭配造景，变单一的绿色调为综合色彩，满足观光者的视觉欣赏。

一、观光茶园含义

观光茶园是一种拥有生产、生态和休闲功能的新兴园林。1970年台湾省台北市53户茶农联合推出木栅观光茶园，开启了观光茶园的先河。进入21世纪后，观光茶园得到快速发展，如日本著名的冈山厚乐茶园，国内规模较大、知名度较高的有四川天福观光茶园、云南南涧无量山樱花茶园、江西婺源观光茶园等。这些观光茶园，基本上都是以原有的生产茶园为基础，通过改造建成的。

山东等北方种茶历史虽不长，但茶区多具有深厚的历史积淀和红色元素，有的茶园本身就与自然景观浑然一体，像青岛崂山、日照御海湾、莒南甲子山、五莲九仙山、文登昆嵛山、蒙阴孟良崮等。但目前茶园景观色彩还比较单调。通过整体的设计规划和改造，可以增加茶园的植物造景，丰富茶园层次，做到处处有景象，季季有色彩。

二、布局设计

观光茶园规划设计，要以生产茶叶为主体，兼顾茶旅游需要。具有园林景观价值的彩色植物很多，在观光茶园的总体布局设计、立体设计、季相设计、色彩设计和文化设计上，要选择不同种类、颜色和季相变化的植物。根据茶园的地形地貌，在充分体现原有自然景观的基础上，设计出不同理念主题的观光茶园。茶园中的道路修建尽量减少对原有景观的破坏。种植彩色植物要不影响周边茶树的生长。把彩色植物尽量布置在道路、沟渠两边或土壤浅薄、不适合茶树生长的山顶、陡坡或低洼地。种植在茶树周边的要选择树冠较小的落叶树，最好选用既具有观赏性又有食用或药用或材用等经济价值较高的树种。

第三节　特色茶树种植

我国茶树品种资源丰富，可利用叶色多样、叶形多态、枝干多姿的茶树用于打造彩色观光茶园。

一、适合品种

目前适合用作打造观光茶园的特色茶树有以下几种。

1.白叶茶　特点是春茶芽叶均是白色，叶脉是嫩绿色，夏茶绿白相间，秋茶绿色，所以春季茶园尤为光耀；白茶氨基酸含量在4%～6%，茶多酚和咖啡碱含量适中，制绿茶香气清鲜，滋味鲜爽，兼具观赏性和品饮价值。著名的有浙江安吉白茶（白叶1号）、浙江建德白茶（新安4号）、浙江磐安白茶（云峰15号）等。抗寒性强。夏季要防止高温日灼伤（参考第三章第一节品种的选用）（图8-2）。

图8-2　白叶茶

2.黄叶茶　最有名的有浙江天台黄茶（中黄1号）、缙云黄茶（中黄2号）、黄金芽等。茶树灌木型，树姿较直立。除缙云黄茶春茶芽叶黄色外，其他春夏秋芽叶都呈黄色。氨基酸在6%以上，制绿茶黄中透绿，滋味嫩鲜，制红茶玫瑰红色，有花香，滋味甜润。兼具观光制茶两用性。抗寒性强。夏季防止高温日灼伤（参考第三章第一节品种的选用）（图8-3）。

图8-3　黄叶茶与奇峰相映生辉

3.**紫叶茶** 最有名的有云南省农科院茶叶研究所选育的紫娟茶。特点是芽叶、嫩茎均是紫红色，全年茶园新梢都是紫红色（成熟叶片绿色），具观赏性。可制作红茶等，香味别具特色。需用设施栽培。冬季需加强防冻（图8-4）。

4.**绿叶红梢茶** 特点是嫩梢、嫩茎紫红色，成熟叶片都是绿色，绿中有紫，红绿相嵌，别具特色。可试制红茶、黑茶等。冬季需加强防冻（图8-5）。

图8-4 紫叶茶

图8-5 绿叶红梢茶

5.**曲枝茶** 又称花枝茶。多为自然变异体，各地灌木型群体茶园中偶有见到。茶树灌木型，分枝较密，特点是嫩茎和枝干呈"S"形，别具特色。有福建省农科院茶叶研究所的奇曲茶、杭州市农科院茶叶研究所的曲枝茶、湖南省涟源歧曲茶、湖北恩施花枝茶等，抗寒性强，繁殖性强。可在景观茶园搭配种植，尤适宜做庭院盆景（图8-6）。

图8-6 曲枝茶

二、栽种管理

特色茶园栽培，如果是新规划设计的，则按新茶园建设或换种改植茶园的要求种植。一般种一行绿色茶树，间隔种植一两行彩色茶树，这样交相辉映，景观效果好，同时也让观赏者从中了解到茶树色彩的多样性。如只是在原有茶园中进行点缀，则可以用嫁接方式，以原有的部分茶树为砧木，将有色彩的茶

树嫁接上去，使一丛茶树呈现色彩多样
化（嫁接方法参照第六章第三节园相改
造）（图8-7）。

图8-7　黄叶茶与绿叶茶相间种植的景观效果

　　茶园种植前的土壤整理、底肥施用、
种苗规格、移栽时间与常规茶园一样。
种植密度和修剪方式，需根据不同品种
茶树形状和色彩确定，如培养与常规采
摘茶园一样的树冠，则按常规茶园的种
植密度和定型修剪方式进行。如要对茶
树进行弧形、球形、斜坡形、屋脊形、
水平形等造型，则根据茶树特点和造型要求，因地制宜采用合适的种植密度和
修剪方式，如坡地茶园适合采用斜坡形、屋脊形、球形等造型。

第四节　彩色树种种植

　　观光茶园在道路、沟渠和景区建筑物旁种植一些色彩斑斓的林木，可以打
破茶树的单一格调，提高景观效果和效益（图8-8）。

图8-8　云南南涧无量山樱花茶园

一、适合树种

作为观光茶园的搭配树木，除了考虑林木的生长特性和观赏价值外，一是选择适合本地生长、抗寒性较强的树种，这样易种易管；二是选用树冠不大的落叶阔叶树或常绿阔叶树，尽量避免造成对茶树遮阳；三是不可有与茶树共生的病虫，以免危及茶树。目前比较适合北方种植的有梅花、樱花、红枫、银杏、山茶（耐冬）、桂花树等。

1.梅花（*Armeniaca mume* Sieb.）蔷薇科杏属植物，与松、竹并称为"岁寒三友"。小乔木或稀灌木，高4～10米。梅花傲霜斗雪，先于百花怒放，神、姿、色、态、香俱佳，花色有红、白、粉红色，单瓣或重瓣，暗香袭人。茶园适种红梅，春节前后开花，花期长。在绿色茶叶衬托下，热情又显吉祥，新春时节茶山游，应境应情。梅花耐旱、抗寒，种植在表土深厚疏松、底土略带黏质的肥沃土中最为适宜。梅花还可用来窨制红茶，花香浓郁（图8-9）。

2.樱花（*Cerasus* Sp.）属蔷薇科樱属植物，有多个品种和变种，适合山东等北方种植的是山樱花变种［*Cerasus serrulata* var. *lannesiana*（Carrière）Makino］。落叶小乔木，树型较大，树高可达5米以上，花有白色、红色、粉红色等，开花先于叶或与叶同时生长。樱花盛开时繁英如雪，与茶树构成"绿肥红瘦"景观，花谢时，遍地落英也成一景。樱花花期较短，一般15天左右，种植时早樱和晚樱品种搭配，最好选择5月开花的品种，这样与新茶上市同步，游人既赏花又品茶。樱花是温带、亚热带树种，性喜阳光和温暖湿润的气候，有一定的抗寒和耐旱力，在疏松肥沃、排水良好的沙质壤土上生长良好。如果种植在紧临茶树边，要注意树冠修整（图8-10）。

3.红枫（*Acer palmatum atropurpureum*）别称红叶羽毛枫，属槭树科槭属。落叶小乔木，树高可达5米以上，树姿轻盈潇洒，枝序整齐，叶形优美，叶呈掌状5～7裂、红色持久、色艳如花。深秋初冬，绿色茶海中突兀出鲜艳的红色，很具有吸引力。适合茶园点缀种植。红枫树适宜温暖湿润气候，喜阳光，较耐寒旱，怕涝，适合土壤深厚肥沃的茶园边栽种。树冠较大，注意修剪（图8-11）。

4.银杏（*Ginkgo biloba* L.）属银杏科银杏属。落叶乔木，树干通直挺拔，树高可达10米左右，青壮年树冠圆锥形，树幅较狭小，遮阳少。叶片呈扇形，形态优美，秋叶黄色艳亮，初冬落叶舒展不卷，形成一种黄叶缤纷铺满地的效果。

银杏树除观赏外，果可食用，叶可药用，木材纹理精致，是集景观、食品、医药、用材于一身的树种。银杏喜温、喜光，在肥沃、通透性比较好的沙质土壤中生长良好，适应性和抗逆性均很强。山东莒县著名的浮来山"银杏王"已有千年。可择地种植（图8-12）。

图8-9　红梅

图8-10　崂山樱桃茶园（刘彬　供图）

图8-11　红枫

图8-12　莒县浮来山千年古银杏
（2014年摄）

5.山茶（*Camellia japonica* L.）　又名耐冬，属山茶科山茶属。灌木或小乔木常绿植物，树高可达5～7米，叶革质、椭圆形、深绿色，叶长5～10厘米，叶宽2.5～5厘米。花顶生，红色、淡红色或白色，多为重瓣。干美枝青叶秀，花姿优雅多态，具观赏性。盛花期在2—3月，为单调的冬季茶园增添了色彩。山茶惧风喜阳，要求温暖湿润、排水良好、疏松肥沃的酸性沙质土壤。可耐-8℃低温，一般自然越冬良好，青岛等地有上百年的山茶。在沿海温湿度比较高的茶区适宜种植（图8-13）。

6.桂花树（*Osmanthus fragrans* L.）　又名"桂花""月桂""木犀"，属木犀科木犀属。桂花是中国传统十大花卉之一，集绿化、美化、香化于一体。常绿小乔木或灌木，树高达3～5米，叶片椭圆或长椭圆形。花是聚伞花序，簇生于叶腋间，有香味，银白色花称银桂，金黄色花称金桂。初春芽叶新梢呈淡紫色或紫红色，使苍绿的树冠缀满了朵朵紫缨，犹如繁花满树，姹紫嫣红。秋天丹桂飘香，香气怡人，清可绝尘，令人神清气爽。桂花还可作为糕点等食品添加香料。桂花树耐热、耐寒，对温度要求也很高。日照等地有桂花种植史。适宜在沿海温暖湿润茶区背风向阳处种植（图8-14）。

图8-13 崂山山茶

图8-14 日照上李家庄1972年时的桂花树（左）及1976年冻害后的桂花树（右）

二、栽种管理

（一）苗木栽种

根据所选树种特点，选择苗木。本地生长较快的树种，可用小苗栽种。生长较慢或从外地引入的树种，可用两三年生大苗甚而成龄树移栽。不论任何树种，栽种时需与茶树至少有2米以上的距离，以免与茶树争水、争肥、争阳光。

（二）水肥管理

春秋两季的4月和9月移栽成活率较高。移栽后3～4天浇一次水，之后每隔10天左右浇一次水。树苗度过缓苗期后即可施有机肥，要求薄肥勤施，春季每月施氮肥1～2次，夏秋季每月施复合肥1～2次。结合施肥进行松土，有条件的根际部覆盖秸秆禾草。

（三）整形修剪

种植在茶园里的乔木型树需对树冠修整控制，以免影响茶树生长。主要是适量疏去过密的枝条或按造景要求整形。对徒长枝、蘖生枝、病虫枝、枯枝等按照需要修剪。对发育不良的树苗，整修中要抑强扶弱，让其均衡生长。

（四）病虫害防治

病虫害要及时防治。化学农药防治，不用茶园禁止使用的农药，尤其是有机茶园附近不可用化学农药。采茶季节严格禁止施药。喷洒农药要注意风向，防止飘移造成交叉感染。

三、成龄树或大树移栽

用成龄树或大树（包括大茶树）移植，可大大缩短生长时间，提前进入观赏或生产期，不失为又快又省的办法，但移栽和管理技术要求高，成活率一般低于小苗。移栽关键要掌握以下几个方面。

（一）移栽时间

以开春后4月上中旬比较适宜。但各树种具体时间不一，要因树制宜。北方一般不适宜秋季移栽。

（二）挖树运输

树根挖掘是移栽的重点，其重要性远大于地上部。挖树前3～5天先浇灌水，让土壤湿润，以利起树保土。挖时环绕树根际部周围约40～60厘米处垂直挖下（为方便操作，可将此外围部分的土挖成沟壕），将底部主根和超出范围的侧根切断，用铲将根系削成一个球形，铲时不可将根部土坨破碎，然后用草绳或可降解的遮阳网将根球捆绑，同时锯去和修剪掉地上部部分树干或枝叶，以减少蒸发量。并标记树的朝向方位。用吊车轻吊轻放到运输车辆中，上用篷布遮盖，运输途中要避免风吹日晒，尤其要防止枝叶失水，否则极易影响成活。运到后随即种植（图8-15）。

（三）种植

种植坑要提前一两天挖好，坑深宽要稍大于树根球，底部铺放一层壤土。种前如有枯枝叶再作一次修整。种时树体较大的仍用吊车吊入坑中，按标记的原生长方位放置，即原来朝南向的依旧朝南方向种植，切不可"反水"，否则不利于成活。树栽种后，将根四周填充的土壤压实，确保树体不会摇动。再从上到下将树干和根部一次性浇足水，根际土面覆盖秸秆禾草或薄膜。隔一两天将树干（无主干的灌木不需要）用市售园艺包树布（如江苏常州出产的防晒防寒包树布、毛毯）绑扎，也可用草绳捆绑，这样可防止因干旱或低温造成树皮开裂，这对保证成活非常重要。树体高大的乔木树在高出树冠1米左右处搭棚架遮阳（图8-16）。

图8-15　移栽树根部包扎　　　　图8-16　用包树布绑扎树干

（四）种植后管理

入冬前喷一次树木防冻液（市售植物抗冻剂），再将薄膜铺盖于土面，有条件的上面再覆盖秸秆禾草，经过两三年正常生长后，可不用。

种植两年后将包树布（毛毯）和遮阳棚架撤除。其他肥培管理按正常程序进行。

第二篇 茶叶加工

根据山东等北方的气候条件和消费习惯，应主产绿茶，适量生产红茶、乌龙茶，兼产黄茶、黑茶、白茶。在一些多茶类消费区，可以进行组合生产，如早春制名优绿茶、白茶，春茶制大宗绿茶，夏茶制红茶、黑茶，秋茶制乌龙茶、黄茶等，这样既满足了市场多元化的需求，又提高了种植者的经济效益。

第九章

加工工艺

图 9-1　青岛下宫茶叶加工厂
（后排右一虞富莲，1972 年摄）

我国有六大茶类，是世界茶类最多的国家。虽然都是以茶树鲜叶作原料，但各个茶类的演绎过程、适制品种、芽叶嫩度、加工机理、工艺流程、品质因子等都有区别（图9-1）。

第一节　茶叶品质因子

茶叶品质的形成是很复杂的，因我国茶类多，不同茶类的要素多，所以评定茶叶品质不是凭单个项目，而是由外形、香气和滋味等决定的，俗称"色、香、味、形、汤"五项因子。

一、外形

成品茶外形是根据茶类的特点需要按特定工艺加工形成的，其中以名优绿茶形状最多，通过手工或机械加工成扁形、雀舌形、针形、剑形、月牙形、条形、钩形、螺形、卷曲形、环形、朵形等；红茶如揉捻发酵后即烘干的为条形（红条茶），揉切后发酵烘干的为颗粒形（红碎茶）；乌龙茶通过包揉成为蜻蜓头形或半球形，不包揉的为卷曲形；紧压茶通过模具压制成长方形、方形、柱形、饼形、碗臼形等；白茶的形状则主要取决于芽叶的形态和茸毛的长度和密度，如白毫银针是一芽一叶，白牡丹、贡眉是一芽二叶（芽叶等长）。

二、色泽

（一）干茶色泽

绿茶的干茶色泽主要由叶绿素、叶黄素、胡萝卜素以及不同氧化程度的儿茶素所形成。干茶绿色的深浅程度多半决定于鲜叶中叶绿素含量的高低和茸毛的多少。叶绿素分叶绿素 a 和叶绿素 b，叶绿素 a 是蓝绿色，叶绿素 b 是黄绿色，鲜叶中通常叶绿素 a 是叶绿素 b 的 2 ～ 3 倍。叶绿素 a 含量高，茸毛多，表现为干茶翠绿显毫。叶绿素 b 含量高，表现为干茶黄绿色。

红茶的干茶色泽是由叶绿素的水解产物以及果胶质、蛋白质、糖和儿茶素的氧化物附于表面形成的，干燥后呈现出乌黑至棕褐色。红茶干茶和叶底的色泽还与发酵过程中所形成的茶黄素和茶红素的含量密切相关，如茶黄素和茶红素多，干茶乌润显金毫，叶底红亮。

乌龙茶主要决定于做青过程中的发酵程度，清香型的发酵较轻，表现为翠润砂绿，浓香型的发酵较重，表现为乌润砂绿。

黑茶主要决定于渥堆的程度，适度渥堆的多为黑褐色，这主要是茶多酚物质在渥堆过程中在微生物的作用下与氨基酸结合，产生黑色素（茶褐素）。

白茶主要决定于芽叶茸毛的长度和密度以及轻发酵的程度。

（二）汤色

绿茶汤色呈绿黄色，主要是儿茶素初级氧化物黄烷酮和黄烷醇成分。叶绿素是脂溶性的，但叶绿素受热后，少部分会水解成亲水叶绿素，影响茶汤色泽。花青素是水溶性的，易被氧化成橙红色，使汤色变浊，对绿茶品质有影响。

红茶中的茶黄素与茶汤的明亮度和金圈的厚薄有关，茶红素与红艳度有关，茶褐素会使汤色发暗。

普洱茶中含有大量的茶褐素，所以茶汤呈红褐色。

三、香气

茶叶的香气不是由一两种物质所决定的，而是由数十种乃至上百种芳香物质按比例混合所形成的，当某些物质占主导地位时，则突出某种香气。成品茶的香气大体有清香、栗香、花香、果香、花蜜香、甜香、陈香、高火香、青气等，实质上都是人们的嗅觉、味觉对各种香气物质协调性的综合反应。香气成分有的在鲜叶中已经存在，但大部分是在加工过程中形成的。如鲜叶中的香气成分只有50多种，较多的是青叶醛和青叶醇，青叶醛有青草气，青叶醇有酒精味。茶叶在加工过程中会发生复杂的生物化学变化，使绿茶香气成分增加到100多种，红茶增加到300多种。它们主要是醇类、醛类、酮类、酯类等物质。从表9-1可知，香叶醇、芳樟醇是各茶类的基本成分。乌龙茶的香气成分最多，所以成品茶香气最突出。表9-2表明了各种香气成分的香型。

表 9-1　各茶类主要香气成分

茶类	香气成分
绿茶	香叶醇、芳樟醇、橙花叔醇、水杨酸甲酯、紫罗兰酮等
红茶	香叶醇、芳樟醇、茉莉酮甲酯、水杨酸甲酯等
乌龙茶	香叶醇、芳樟醇、橙花叔醇、茉莉酮、紫罗兰酮、苯甲酸甲酯、吲哚等
黑茶	香叶醇、芳樟醇、糠醛、二苯并呋喃等

表 9-2　茶叶主要香气成分香型

成分	香型	成分	香型
苯乙醇	玫瑰花香	苯乙酮	愉悦的香气
苯丙醇	水仙花香	茉莉酮	茉莉花香
芳樟醇	百合或玉兰花香	紫罗兰酮	紫罗兰香
香叶醇	玫瑰花香	醋酸香叶酯	玫瑰花香
橙花叔醇	玫瑰花香	醋酸芳樟酯	柠檬香
苯甲醇	苦杏仁香	醋酸橙花酯	玫瑰花香
橙花醛	柠檬香	醋酸苯甲酯	茉莉花香
香草醛	清香	醋酸苯乙酯	蜂蜜香
茶螺烯酮	甜花香	水杨酸甲酯	冬青油香

四、滋味

成品茶的滋味主要取决于鲜叶中的茶多酚、氨基酸、咖啡碱、糖类、有机酸等成分的含量。它们本身具有不同的味觉。

（一）涩味物质

主要是茶多酚，夏秋茶涩味重，就是因为茶多酚含量高。

茶多酚中70%是儿茶素，其中酯型儿茶素（复杂儿茶素）占儿茶素总量的60%～75%，具有较强的苦涩味和收敛性，是茶汤的主体呈味成分，主要是EGCG（表没食子儿茶素没食子酸酯）和ECG（表儿茶素没食子酸酯）；非酯型儿茶素（简单儿茶素）占儿茶素总量的23%～25%，主要是EC（表儿茶素）、EGC（表没食子儿茶素）、GC（没食子儿茶素）。EGCG、EGC和ECG含量高，适制优质红茶。茶多酚是参与各个茶类生化机制的重要成分，从表9-3茶多酚氧化物生成情况看，绿茶未发生酶促氧化，保留最多，白茶、黄茶是轻发酵茶，红茶以氧化的茶黄素和茶红素为主，黑茶则主要是茶黄素和茶红素的聚合物茶褐素。表9-4不同茶类儿茶素氧化程度表明，绿茶是不发酵茶，氧化程度最轻，红茶是全发酵茶、黑茶是后发酵茶，氧化程度最重。

表9-3 各茶类茶多酚氧化产物情况

(程启坤)

茶类	绿茶	白茶	黄茶	乌龙茶	红茶	黑茶
未氧化茶多酚	★★★★★	★★★★	★★★	★★	★	☆
儿茶素邻醌及二聚物	★	★★	★★	★★★	☆	★
茶黄素	☆	☆	★	★	★★	★
茶红素	☆	☆	☆	☆	★★	★
茶褐素	☆	☆	☆	☆	★	★★★
未氧化茶多酚	★★★★★	★★★★	★★★	★★	★	☆

注：★为氧化产物。

表9-4 不同茶类儿茶素氧化程度（%）

茶类	发酵状况	氧化程度	代表茶	代表茶氧化程度
绿茶	不发酵	<10	龙井茶	5
白茶	微发酵	5～15	白毫银针	10
黄茶	轻发酵	10～25	君山银针	15
乌龙茶	半发酵	20～70	铁观音	40
红茶	全发酵	70～95	祁门红茶	80
黑茶	后发酵	60～98	普洱茶	95

EGCG抗氧化活性强，具有清除自由基、抗辐射和紫外线、防止脂质氧化、降低低密度胆固醇和甘油三酯的含量，所以EGCG是茶叶有保健作用的主要成分之一。

儿茶素是酚性物质，它能使蛋白质沉淀，具有把生的皮鞣成革的特性，对人体的胃黏膜有刺激作用，所以有些人喝绿茶会感到"寒胃"。茶多酚与铁会在人体消化道中形成不溶解的鞣酸铁，鞣酸铁不易被小肠黏膜吸收，减少血红素的形成，易引起缺铁性贫血，所以特殊人群，如贫血者、儿童、孕妇等不饮或饮清淡茶为好。

（二）鲜味物质

主要是氨基酸，尤其是茶氨酸（1%～3%，有甜鲜味）、谷氨酸（0.2%～0.6%，有鲜酸味）、天冬氨酸（0.15%～0.25%，有鲜酸味）、精氨酸（占氨基酸总量7%左右，加工中与游离糖形成含氮香气物质）、赖氨酸（0.03%

左右，味苦）、苯丙氨酸（加工中可转化为芳环香气组分）等。春茶氨基酸含量高，所以春茶味鲜爽。

茶氨酸是茶树特有的，它在缓解压力、促进睡眠、抗抑郁、提高记忆力和预防帕金森氏症、脑中风等方面有良好的作用。

（三）苦味物质

主要是咖啡碱、花青素、茶皂素以及部分苦味氨基酸等。

咖啡碱在茶叶中的含量为2%～4%，细嫩叶比粗老叶高，夏茶比春茶高，呈苦味，是重要的滋味物质，在红茶加工过程中与茶黄素形成的复合物具有鲜爽味。咖啡碱使人兴奋、利尿、增强记忆、降低患帕金森氏症和 II 型糖尿病的风险，还具有很快的降血糖作用。但也有不利的方面，如影响睡眠等。

花青素呈紫红色，味苦，易溶解于水，在正常绿色芽叶中含量一般在0.01%左右，紫芽叶中高达2%以上。花青素具有较强的抗氧化性和清除自由基的作用，还有抗突变、保护视力、预防糖尿病和心血管病等药理作用。

茶皂素味苦辛辣，茶籽和粗老叶含量较多，有很强的起泡力和一定的溶血作用，工业上用作制洗发香波、加气混凝土和虾池清塘剂等。具有消炎镇痛和抗菌等生理活性。

（四）甜味物质

主要是可溶性糖、茶氨酸、部分氨基酸等，含量不多。它能调和和掩盖茶的苦涩味。春秋茶含量高于夏茶。

（五）酸味物质

有柠檬酸、脂肪酸、维生素C、谷氨酸、天门冬氨酸等氨基酸，红茶中的茶黄素和茶红素也是酸性的。所以茶汤都是呈酸性的，各种茶的pH为：

绿茶 5.88 ～ 6.26　　　　红茶 < 5.0

乌龙茶 5.17 ～ 5.82　　　普洱茶 5.02 ～ 5.46

人体血液的pH是恒定在7.35 ～ 7.45，所以人体的酸碱度一定是弱碱性的，不存在酸性体质的问题。因此，没有任何食物可以改变人体的pH，所以茶汤尽管是酸性的，但喝茶并不会改变人体的酸碱性。

成品茶品质与茶叶生化成分的组分与含量有着密切关系。一般说，氨基酸、蛋白质等含量高，茶多酚含量适中，制绿茶色绿，味鲜爽，品质优。茶多酚含量高，会增强绿茶的醇厚度，但也会增加茶汤的涩味。茶多酚和氨基酸含量均高，尤其儿茶素总量高，在红茶发酵过程中会形成较多的茶黄素、茶红素，对红茶品质有利，表现为汤色红艳，滋味浓鲜。常以"酚氨比"来表示品种的茶类适制性，即茶多酚与氨基酸的比例，酚氨比≥7一般适制红茶，≤5一般适制绿茶。简易的鉴别方法是，将鲜芽叶用手稍搓一下，如芽叶很快红变，表明多酚物质含量高，酶活性强，制红茶潜力大。乌龙茶除了要求茶多酚和氨基酸含量均比较高外，咖啡碱含量也要高，一般在4%以上。其他茶类对生化成分无特别的要求。不过，氨基酸含量高对所有茶品质都是有利。

第二节　绿茶加工

绿茶是六大茶类中历史最悠久的茶，唐·陆羽（728—804）《茶经·三之造》载："晴采之，蒸之，捣之，拍之，焙之，穿之，封之，茶之干矣"，这是蒸青团饼茶工艺的最早记载，说明唐时就有绿茶。至明代由蒸茶改为炒茶，由团茶改为散茶，绿茶基本定型，其主要工艺也延续至今。

绿茶是产量最多、消费市场最大的茶类，2019年全国茶叶总产量279.34万吨，绿茶177.28万吨，占63.47%。2019年全国内销量121.42万吨，占比为59.94%[1]。所以无论是产量或销量，都居第一。就目前山东所产茶而言，绿茶也是占绝对优势。

绿茶属于不发酵茶，较多地保留了鲜叶中的生化物质，其中茶多酚、咖啡碱保留量达85%以上，叶绿素保留50%左右，维生素有一定的损失。适制绿茶品种鲜叶中的氨基酸含量要高，茶多酚和咖啡碱含量适中。采摘的鲜嫩芽叶，通过高温杀青、做形、干燥而成。其中杀青是制绿茶的关键工序，通过高温将鲜叶中的多酚氧化酶和过氧化合酶破坏或钝化，制止儿茶素氧化产生红梗红叶，使绿茶具有清汤绿叶的特征。绿茶在制造过程中水分和干重都呈明显下降（表9–5）。

---

① 据中国茶叶流通协会 2020 年资料。

表 9-5　绿茶加工过程中在制品含水率的变化

工序		在制品质量（千克）	失水率（%）	含水率（%）
鲜叶		100		75～78
摊青		100	8～10	65～70
杀青		90～92	15～20	50～58
揉捻		72～75	0	50～58
干燥	初干	72～75	32～33	18～25
	足干	40～42	13～20	5～6

根据杀青和干燥方法的不同，分为炒青、烘青、蒸青、晒青四类。

绿茶
- 炒青
  - 普通炒青（婺绿、屯绿、遂绿、日照绿茶等）
  - 细嫩炒青（龙井、碧螺春、雨花茶、雪青等）
- 烘青
  - 普通烘青（闽烘青、浙烘青、徽烘青、苏烘青等）
  - 细嫩烘青（黄山毛峰、华顶云雾、高桥银峰等）
- 晒青（滇青、川青、陕青等）
- 蒸青（恩施玉露、煎茶、宜兴阳羡茶等）

山东等北方目前主产茶类是以似毛峰（尖）形绿茶和类似龙井的扁形茶为主。

一、绿茶加工工艺

绿茶尤其是名优绿茶的品质特征总体是，干茶翠绿或嫩绿，有清香、毫香（芽香）、栗香、花香；冲泡后，色绿汤清，香气清幽高锐，滋味鲜爽（清鲜、嫩鲜、鲜浓）回甘。

（一）毛峰（尖）形绿茶加工

1.摊青（摊放）

（1）摊青的作用。①鲜叶含水率在75%～78%，摊青后失水率8%～10%，使叶梗由脆变软，增加芽叶的韧性，便于揉捻和做形。②挥发有青草气的青叶醛和酒精味的青叶醇。③茶多酚氧化成少量邻醌增加清香气，部分酯型儿茶素转化为非酯型儿茶素，减少苦涩味。④蛋白质水解成游离氨基酸，增加鲜爽味。⑤淀粉水解成可溶性糖,增加甘醇味。⑥果胶分解成水溶性果胶和果胶酸,增加黏性,便于加工做形。

(2)摊青的方法。摊青车间应清洁、阴凉,没有阳光直射,温度控制在25℃以下,相对湿度维持在70%左右,可用空调调控。采摘的鲜叶均匀薄摊在篾簟或竹匾或网框内,名优茶摊叶厚度2～3厘米,每平方米摊1～2千克。摊放时间8～10小时。北方相对湿度通常会低于70%,摊放时间可缩短到4～5小时。温度低或雨水叶要适当延长。摊放过程中不翻动。大宗绿茶鲜叶要同样摊放在篾簟或匾框内,摊叶厚度20～30厘米,每平方米摊10～15千克,摊放过程中可轻翻1～2次。含水率在75%～78%的鲜叶,经摊放后失重率在8%～10%,也即摊青叶含水率在65%～70%,此时芽叶绵软,叶色变暗,稍有清香气逸出。

大型工场或洪峰期,大宗绿茶可用配有机械通风设备的贮青槽或网框进行摊放,以加快失水速度,摊青面积也大为减少(参照第十章第二节绿茶加工机具)。

摊青普遍问题是未达到摊放要求就结束,一是一些企业为了使名优茶(尤其是芽形茶)保持色泽鲜绿,制出率高,不作摊放;二是洪峰期摊青设备不够,急于加工,造成摊放时间过短。这样的茶叶,一般有青气,且滋味青涩不鲜爽。

2.杀青　是防止芽叶红变的关键工序。

(1)杀青的作用。①散发水分15%～20%。②使叶绿素含量减少。在鲜叶中蓝绿色的叶绿素a是黄绿色的叶绿素b的2～3倍,杀青后叶绿素a剩下25%左右,叶绿素b剩下50%～60%,这样杀青叶呈现黄绿或暗绿色。③低沸点的具有青草气和酒精味的青叶醛和青叶醇大量挥发,一些高沸点的芳香物质显露,增加香气。④蛋白质、淀粉、果胶部分水解,使氨基酸、可溶性糖、水溶性果胶含量增加。酯型儿茶素含量减少,简单儿茶素含量增加,有利于减轻茶汤的苦涩味。⑤维生素C、维生素B类物质减少。

(2)杀青方法。要求高温杀青,先高后低,抛闷结合,多抛少闷,杀匀杀透。

①手工杀青。常用平锅、桶锅(即深底平锅,锅口直径50～70厘米不等,深45厘米)两种,目前使用最普遍的是电热龙井炒茶锅。手工炒制名优绿茶,锅体温度200～220℃,投叶量一次500克,时间4～6分钟。

②机械杀青。用滚筒连续杀青机。滚筒直径有300、400、500、600、700、

800毫米等。以炒青绿茶为例，300毫米筒式杀青机台时产量（鲜叶）30千克左右。当筒壁温度达到250～300℃也即滚筒出口方向筒内30厘米深处的中心空气温度达到90℃时，即投叶杀青，杀青时间为2～3分钟。杀青时间短会杀不透，叶易红变，有青气，时间过长，叶易闷黄，香气不爽。

③汽热杀青。汽热杀青机整机分为蒸青和脱水冷却两部分，利用高温蒸气达到杀死酶的目的，再用热风脱水，冷风冷却，完成杀青作业。目前有50千克、150千克、300千克等机型。以150型汽热杀青机为例，热气进口温度120～130℃，投叶量为100～120千克/小时，时间20～30秒，脱水时间1～2分钟。汽热杀青适用于抹茶加工，使茶叶保持鲜绿色。另外，雨水叶用汽热杀青，易杀透杀匀，夏秋茶用汽热杀青对消除苦涩味有较好的作用。

不论何种杀青方式，以叶质柔软，叶色暗绿，手握不粘，略有清香为度，含水率在50%～58%。经常出现的弊病是，温度不够，出现红梗、红叶；杀得不匀不透，香气不爽，汤色欠亮，叶底花杂；出叶不净，滞留锅（滚筒）中，待下一次杀青时成焦叶，造成整批茶有老火味甚而煳焦味。

3.揉捻 前已所述，名优绿茶外形有多种形状，多是在加工过程中做形的，如有的杀青结合做形，像龙井茶；有的炒干结合做形，如雪青茶；有的理条结合做形，如开化龙顶；有的揉切结合做形，如颗粒绿茶，等等。对于叶大梗粗的大宗绿茶来说，通过杀青或理条或炒干做形比较困难，必须有个揉捻过程。揉捻破损了芽叶的组织结构，一是使细胞内的化学物质发生变化，并粘附叶表，冲泡时易进入茶汤；二是增加了芽叶的韧性，可塑性好，便于做形。

（1）揉捻的要求。嫩叶冷揉，老叶热揉。这里的嫩叶一般是指一级叶，老叶是二三级叶（表9-6）。嫩叶杀青后冷却30分钟左右再揉，有利于保持鲜绿色泽和香气，减少断碎率。此外，老叶纤维素含量较高，杀青后趁热揉有利于组织结构的破损和芽叶的成条。为避免茶条松散和减少扁条、碎末茶，揉捻机加压要"轻、重、轻"。嫩揉捻程度以炒青绿茶为例，二三级原料成条率要在80%以上。

（2）揉捻方法。①手工揉捻。主要有单手推揉和双手团揉两种（图9-2、图9-3）。要边揉边解块。需要条形较直的茶，可在后期边揉边捽几下。一般揉10～15分钟，待有茶汁粘附表面，手有黏稠感即可。②机械揉捻。揉捻机型号和投叶量，参考第十章第二节红茶加工机具，需要注意的是杀青叶投叶量应是萎凋叶投叶量的一倍。三级以上原料揉捻要解块分筛，筛面茶合并后再揉20分钟左右，直到成条为止。以一芽二叶为例，一般揉捻30分钟左右。

图9-2　在石板上学习手工揉茶
　　　　（1976年摄）

图9-3　在篾垫上双手团揉

4.干燥　目的一是进一步散发水分，使成茶的含水率达到5%～6%（晒青茶9%～10%），便于贮存；二是使茶叶定型，同时使化学成分继续进行热物理和化学反应，最后形成绿茶特有的色、香、味。干燥方法有以下几种。

（1）烘干。有烘干机和烘笼两种，烘干机有6CHM-3型自动链板式烘干机、6CH941多斗式烘焙机、6CH901单斗式烘焙机等。烘笼多半用于名优茶或少量茶叶。一般分2次进行，即初烘和足烘，又称毛火和足火。

① 初烘。以自动链板式烘干机为例，摊叶厚度1～2厘米，进风温度110～120℃。初烘时间12～15分钟，含水率在18%～25%。初烘后摊凉30～60分钟后再进行足火。② 足烘。自动链板式烘干机进风温度在90～100℃，摊叶厚度2～3厘米，时间16～20分钟，烘至茶叶含水率达5%～6%（手捏茶叶成粉末）。干燥适度的茶，色泽绿润，香气高爽，味鲜醇。

足火难以掌握的是温度，因初烘叶含水率只有18%～25%，如果温度太高，使干茶色泽枯黄，暗褐不润。有些为了高温提香，有意升高温度，俗称"最后一把火"，如控制不当，会出现高火或老火味（炒黄豆味）甚而煳焦味；温度太低，烘干时间拉长，造成干茶晦暗，香气低闷不爽。但也有为了提高制出率，有意烘干不到位的，超过标准规定的6%的含水率，在单芽茶中最为常见。这种茶较难贮藏。

（2）炒干。有手工和机械炒干。像龙井茶一类的手制扁形茶的辉锅就是在锅中整形和干燥一气呵成的。作为大宗茶的炒青茶、珠茶，则全程用炒干机炒干，初炒至茶叶含水率达25%左右时，摊凉30～60分钟，二锅并一锅再炒至足干（含水率≤6%）。目前适用的炒干机型号有：

① 锅式炒干机。6CC-60型，台时产量5千克/小时。20世纪80年代前使用，炒制绿茶产品具有中国茶传统风格。适用于少量茶叶干燥。

② 圆筒式炒干机。a.1.6CPC-100型瓶式炒干机，筒体为圆形，炒制的茶叶外形光润，台时产量40千克/小时；b.6CBC-110型八角炒干机，筒体为八角形，炒干茶叶条索紧结，台时产量40千克/小时。生产中常将a、b两种配合使用，是当前应用最普遍的炒干机。c.6CCT-70型连续式茶叶炒干机，台时产量约60～80千克/小时，多用在连续化生产线上，用作解块和初步炒干。

（3）半烘炒。这是用得最多的绿茶干燥法，它既能使条索紧细，色泽绿润，香气高爽，又能防止芽叶断碎，减少碎末茶5%～10%。一般先用烘笼或烘干机烘至含水量达30%左右，摊凉30分钟后再用炒干机炒至足干。

（4）晒干。利用日光将揉捻叶晒干，在全日照情况下一般晒8～10个小时，晒至含水率12%左右，干闻有"笋干味"。晒干的茶称为晒青茶，多用作紧压茶如普洱茶原料。为避免晾晒过程中遭雨淋和沙尘污染，现大型企业均建有专用晒棚。

（二）扁形绿茶加工

类似于龙井茶的扁形茶是北方主产绿茶之一。同样级别的原料制扁形茶其收益要比其他类型的茶高出20%～30%，且市场竞争优势强。然而采制扁形茶对鲜叶要求的严格程度、手工工艺的难度超过其他茶类，如西湖龙井茶的制作分摊青、青锅、摊凉、辉锅等，其中的青锅、辉锅全凭手工在锅口直径64厘米、深34厘米的电炒锅中分次完成，工艺复杂。现将西湖龙井的传统炒制方法作一介绍。所用手法，可选一项或模仿几项用作创制新的绿茶品类。

1.原料要求 按杭州气候，3月下旬采制的"雀舌"为特级叶，3月底4月初制的"明前龙井"为一二级叶，清明以后采制的"雨前茶"为三四级叶（表9-6）。夏秋茶一般不采制。

表9-6 鲜叶质量分级要求

（DB3301/T 005—2009《西湖龙井茶》）

等级	要 求
特级	一芽一叶初展，芽叶夹角小，芽叶长度≤2.5厘米，芽长于叶
一级	一芽一叶至一芽二叶初展，以一芽一叶为主，一芽二叶初展在10%以下，芽叶长度≤3厘米，芽稍长于叶

（续）

等级	要　　求
二级	一芽一叶至一芽二叶，一芽二叶在30%以下，芽叶长度≤3.5厘米，芽与叶长基本相等
三级	一芽二叶至一芽三叶初展，以一芽二叶为主，一芽三叶≤30%，芽叶长度不超过4厘米，叶长于芽
四级	一芽二叶至一芽三叶，一芽三叶≤50%，叶长于芽，长度不超过4.5厘米。有部分同等嫩度对夹叶

2.鲜叶摊放　将鲜叶薄摊在软匾或篾垫上，厚度2～3厘米，置于清凉、洁净、通风的室内，时间10～20小时，摊至鲜叶含水率67%～70%。一般上午采的鲜叶，摊放到第二天上午炒制，下午采的摊放到第二天中午炒制（图9-4）。

3.鲜叶分筛　将摊放过的鲜叶按等级分别炒制。特级和一级鲜叶用直径57厘米、筛孔径1厘米的1号茶筛分筛，筛下的为一档茶；将筛面茶（头子）用直径57厘米、筛孔径0.8厘米的3号茶筛分筛，筛面的为

图9-4　龙井茶鲜叶摊放

二档茶；筛出的筛底茶再用直径57厘米、筛孔径0.7厘米的4号茶筛分筛，分筛的筛面为三档茶，筛底的是茶芯和碎片。以上各档茶合并后分别炒制。

4.炒青锅　主要是杀死酶的活性，散发水分，初步整形。在光滑的电炒锅中进行。特级茶每锅投入摊青叶100～150克，一二级茶150～200克，中级茶200～300克。炒制特、高级茶，锅温在80～90℃，中级茶100～110℃（指离锅底5厘米左右的锅腔温度，不是锅体直接温度）。在锅面上涂抹少许炒茶专用油，以润滑锅壁，然后投放茶叶。开始以搭、托、抖为主，使均匀受热，散发水分，待到鲜叶发软，改用甩、推的手法进行初步造型，在芽叶不粘连时温度适当降低，压力由轻而重，使茶叶理直成条，压成扁形。炒至七八成干（含水率16%～25%），茶叶能散开时即可起锅，历时12～15分钟。炒青锅，温度要随时控制，不可过高或过低。前阶段手力要轻，重了茶汁流出，颜色发黑，条索太紧；后阶段手势要重一些，轻了茶叶会成"空壳燥"。青锅的主要手法有：

搭：四指伸直并拢，指尖略向上翘，拇指叉开，手心向下，茶叶攒齐落入锅中后，顺势用手掌将茶叶压向锅底，用力由轻到重，使茶叶渐成扁平状。是青锅最初用的手法之一。

托（拓）：手掌平伸，四指伸直并拢，手贴茶，茶靠锅，将茶叶从锅底沿锅壁

向上托起，使茶叶成扁平状。是青锅主要手法之一，也是辉锅前期的重要手法。

抖：手心向上，五指微微张开、稍弯曲，将托起攒在手掌上的茶叶作上下抖动，并趁势将茶叶在手掌中理直，再均匀撒在锅中。主要是起理条和散发水分作用。是青锅重要手法之一。

甩：四指微张，大拇指叉开、微弯，翻掌手心向下，顺势把手中茶叶扔向锅底，作用是理条和散发水分。

推：手掌向下，四指伸直或微曲，大拇指前端略弯向下，手掌与四指握住并压实茶叶，用力向前推去。作用是用压力将茶叶压扁，使外形扁平光滑。是青锅重要手法之一。

5.摊凉回潮 青锅叶出锅后摊凉回潮40～60分钟。回潮使芽、叶、茎水分重新分布，内外干度一致，便于辉锅。做法是起锅后的青锅叶用畚箕簸出片、末，拣出茶梗、老叶等，然后用3号筛筛出头子，筛底用4号筛分出筛面和筛底，分别集中存放，待茶叶松软，进入下一步辉锅。

6.辉锅 进一步整形、去毛、提香、干燥，使成品茶达到光扁平直、香高味醇的要求。投青锅叶150～200克，锅温60～70℃。开始多抖、少搭，并加以理条，待茶叶由干回潮，进行抖散，以散发水分，然后逐步转入搭、捺手法，并适当加大力度。此时要领是手不离茶，茶不离锅。炒至茶叶互不粘连、茶条挺直时，转用抓、推、甩手法，三者交替进行，要点是茶叶从手的"虎口"处进入，手掌尾部吐出，茶叶掉落锅底要攒齐。炒到茶叶茸毛起球脱落，条索扁平光滑，香气透发，折之可断，含水率达5%～6%时即起锅，全程约18～20分钟。经摊凉后簸去黄片，筛去茶末即成。辉锅的主要手法，除了青锅手法外，有以下几种：

抓：手心向下，五指微弯曲，抓住茶叶，作用是将茶叶理成紧直条状。是辉锅的主要手法之一，中、下档茶尤多用。

扣：手心向下，大拇指与食指张开成"虎口"状，在抓、推、磨过程中用中指、无名指拢进茶叶，再从"虎口"处冒出，如此循环操作，作用是使茶叶条索紧直。是辉锅重要手法之一。

捺：手掌平展，四指伸直靠拢，手贴茶，茶贴锅，将茶叶从锅底沿锅壁用力向外而内推动，作用是使茶叶扁平光滑。是辉锅主要手法之一。

磨：用推的手法作较快的往复动作，在手对茶、茶对茶、茶对锅的相对磨擦中使茶叶增加光润度。是辉锅后期的主要手法之一。

压：在抓、推、磨的同时，一只手压在另一手的手背上，以增加对茶叶的压力，使茶叶更加平整光滑。多用于中、下档茶辉锅后阶段。

7.机制扁形茶 手工炒制的龙井茶外形扁平挺直尖削，色泽嫩绿光润，汤色黄绿清澈，香气清高孕兰，滋味鲜爽甘醇，叶底细嫩成朵，素以"色绿、香郁、味甘、形美"而著称（图9-5）。然而手工工艺复杂，难度较大，一年半载难以学会掌握。近年来，机械炒制扁形茶已获得成功，较早的是采用小型滚筒杀青机杀

图9-5 西湖龙井

青，然后用理条机理条，再投入长板式龙井茶炒制机炒制。现在普遍采用的是6CCB-981ZD单锅扁形茶炒制机和恒丰电热280E/900型多锅式连续扁形茶炒茶机。炒茶机的进叶量、温度、压板转速、时间、出叶，都预先设置好由计算机控制，实现自动化，一人可同时操作3～4台，不仅省工省力效率高，而且能达到手工炒制扁形茶扁平、挺直的要求。一般先用6CCB-981ZD单锅扁形茶炒制机杀青，摊凉30～40分钟后做二青，再用6CMG-72型茶叶滚筒辉锅机不加温滚转50~60分钟，进行脱毛作业，然后用滚筒辉锅机加温干燥30分钟左右即成。各工序加工参数见表9-7。

表9-7 机制扁形茶炒制工序及参数

工序	机型	投叶量/（克·次）	设定温度（℃）	压板转速（转/分）	全程时间（分）	在制品含水率（%）
头青（杀青）	6CCB-981ZD单锅扁形茶炒制机	摊青叶150～200	180～200	30～32	2~3	30～35
摊凉					30～40	
二青	同头青	头青叶100～150	160～180	30～32	2~3	6～8
脱毛	6CMG-72型茶叶滚筒辉锅机	二青叶3 000～3 500	室温		50～60	
辉锅	同脱毛	3 000～3 500	80~90		30±	5～6

注：鲜叶原料是一芽一叶；各加工参数供参考。

二、山东名优绿茶例

（一）雪青

1975年创制的名茶。1988年获山东省农业厅优质高档绿茶证书，1989年获得农业部优质茶奖，2005年获中国驰名商标（是中国茶界第一个驰名商标获得者）。特点是：条索紧细卷曲、绿润显毫，汤色黄绿明亮，香气嫩香持久，滋味鲜醇，叶底嫩匀鲜亮（图9-6）。

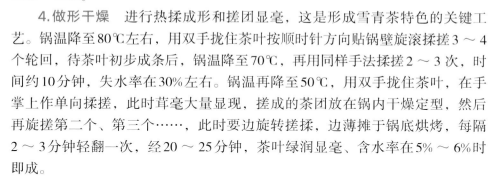

图9-6 雪青

1.鲜叶 采摘一芽一叶初展芽叶，芽长1.6～2.5厘米。

2.摊放 摊放6～8小时。

3.杀青 用电炒锅杀青，锅腔温度110～120℃（离锅底5厘米处的空气温度），一次投叶量150～200克。先用手抛炒2分钟左右，闷炒1分钟，再抛炒1～2分钟，后下锅摊凉3～4分钟。失水率在25%～30%。

4.做形干燥 进行热揉成形和搓团显毫，这是形成雪青茶特色的关键工艺。锅温降至80℃左右，用双手拢住茶叶按顺时针方向贴锅壁旋滚揉搓3～4个轮回，待茶叶初步成条后，锅温降至70℃，再用同样手法揉搓2～3次，时间约10分钟，失水率在30%左右。锅温再降至50℃，用双手拢住茶叶，在手掌上作单向揉搓，此时茸毫大量显现，搓成的茶团放在锅内干燥定型，然后再旋搓第二个、第三个……，此时要边旋转搓揉，边薄摊于锅底烘烤，每隔2～3分钟轻翻一次，经20～25分钟，茶叶绿润显毫、含水率在5%～6%时即成。

（二）御海湾卷曲绿茶

日照御海湾茶博园有限公司2005年创制的名优绿茶，特点是：外形细紧卷曲，色泽翠绿，汤色黄绿明亮，栗香浓郁，滋味浓醇爽口，叶底嫩绿鲜亮（图9-7）。

1.鲜叶采摘 5月1日前后采摘一芽一叶和一芽二叶初展，不采紫芽叶、露水叶、雨水叶以及病虫叶等。

2.摊放 鲜叶放笸箩中摊放，厚度2～3厘米，时间4～6小时，中间要翻2～3次。

3.杀青 用直径50厘米转速32转/分的6CDLS-50滚筒杀青机，锅体温度300℃左右，每小时投叶量25～35千克，进叶到出叶为2分钟左右。杀青后摊凉30～40分钟。

图9-7　御海湾卷曲绿茶

4.揉捻 用6CR-40型揉捻机，每桶投叶量8～10千克，时间20～25分钟。前5分钟压盖贴面揉，然后加压揉10～15分钟，再减压揉5分钟左右。卸叶后用解块机解块。

5.炒二青 用6CDT-70滚筒杀青机220℃，时间约2分钟，炒至含水率45%～55%、有较强的刺手感为度。然后摊凉30～40分钟。

6.做形干燥 ①炒干：用6CCP-60炒干机，温度150℃，一次放10千克左右的二青叶，炒30分钟，倒出摊凉。②烘干：用6CH941多斗式烘焙机，温度120℃左右，每斗放600克，用双手不断翻炒35分钟左右，待茶叶手捻成末，含水率达5%～6%时出锅摊凉。烘干要控制好温度，防止高温产生老火味或糊焦味。

（三）浮来青

1993年莒县创制的名优绿茶，特点是：条索紧细翠绿显毫，香气栗香高长，滋味浓醇甘爽。加工方法类似于雪青茶（图9-8）。

1.鲜叶采摘 4月下旬采摘一芽一叶初展叶和一芽一叶，不采紫芽叶、雨水叶、单片以及病虫叶等。

2.摊放 摊放厚度5厘米，时间5～7小时，失水率约10%。

3.杀青 电炒锅锅体温度190～200℃，投叶量250～300克/次，手法是抖、闷、炒相结合，以抖、炒为主，时长4～5分钟，失水率25%～30%。

4.揉搓 用双手拢住杀青叶，在手掌上作单向滚动揉搓，不时解块，时间3～4分钟。

5.做形提毫 电炒锅锅体温度80℃左右，将在制品先炒2～3分钟，锅温降至60℃，将

图9-8 浮来青

茶叶分成小堆，分次放于手掌中搓团、边搓团、边解块、边放于锅中干燥。当茶叶达到七成干（含水率23%）时，锅温降至50℃左右，将锅中茶叶用双手不停地轻轻翻动，直至白毫显露，香气逸出，至九成干（含水率7.5%），时间8～10分钟。茶叶下锅摊凉15～20分钟。

6.干燥 锅温控制在60℃左右，将茶叶薄摊于锅中继续固定形状和蒸发水分，其间轻翻数次，至茶叶手捻成末，含水率达5%～6%时出锅摊凉。这一程序要控制好锅温，防止高温产生老火味或糊焦味。

（四）小龙女

日照御海湾茶博园有限公司2005年创制的细嫩条形绿茶，特点是：外形细紧挺直，色泽鲜活绿润，汤色黄绿清澈，香气嫩香浓郁，滋味鲜醇甘爽，叶底柔软成朵（图9-9）。

图9-9 小龙女

1.鲜叶采摘　5月1日左右采摘一芽一叶。

2.摊放　摊放于摊晾槽（贮青槽）内，厚度不超5厘米，每1～2小时翻一次，摊放3～4小时。

3.杀青　用6CDT-70滚筒杀青机，筒体温度360℃左右，投叶量20～30千克/小时，均匀连续投叶。茶叶从进叶到出叶约2分钟。

4.初步理条　用6CLZ60-11理条机，温度180℃，投叶量2～3千克/次。用每分钟往复210次的速度快速理条5～7分钟。茶叶基本成条后摊凉回潮15～30分钟。

5.二次理条　理条机温度降至150℃，投叶量2～3千克/次，用每分钟往复160次的速度理条5～10分钟，至茶叶形状固定，手握有刺感为度。卸叶后再摊凉回潮20～40分钟。

6.烘干　用6CH901单斗式烘焙机，温度约120℃，投叶量1～1.2千克/斗，时间25～35分钟。要勤翻、稍压、少闷。烘至茶叶含水率5%，手捻成末。

（五）沂蒙玉芽

1994年莒南县创制的近似扁形茶，特点是：外形扁平挺直，色泽嫩黄，栗香浓爽，滋味鲜醇爽口（图9-10）。

图9-10　沂蒙玉芽

1.采摘　4月下旬采摘单芽和一芽一叶初展叶。

2.摊放　摊放厚度2厘米，时间4～6小时。

3.杀青　用6CLZ-60型理条机先预热到130～140℃，快速空转1分钟后每槽投放摊青叶100克左右，杀青时长3～4分钟，待叶质柔软，稍有清香后出锅摊凉30分钟。

4.整形　6CLZ-60型理条机，温度控制在90～100℃，投入摊凉后的杀青叶，高速理条2～3分钟，再降速理条6～8分钟，含水率达15%～20%时卸叶摊凉。

5.足干　用6CH901单斗式烘焙机，温度控制在70～90℃，烘至含水率达5%左右，茶叶手捻成末即可。

（六）东海龙须

东海龙须是青岛崂山20世纪90年代创制的名茶，特点是：条索形态自然、色泽绿润显毫、香气清高持久、显花香、滋味鲜醇爽口。

1.采摘　4月中旬采一芽一叶初展叶，芽叶长度在2.0～2.5厘米。

2.摊青（放）　鲜叶薄摊在篾垫上，厚度3～5厘米，置于室内通风洁净处4～6小时。

3.杀青　滚筒杀青机筒体温度200℃，投放摊青叶15千克/小时，过程2分钟左右。

4.理条　用往复式理条机，温度控制在160℃左右，每槽投入杀青叶60～80克，时间5～8分钟，待条索理直出锅。

5.干燥　用名茶烘干机，毛火进风温度120℃，烘至八成干（含水率15%），摊凉1小时后，再用90～100℃烘至足干。

（七）海青锋茶

海青锋茶是青岛胶南炒、烘结合的创新扁形绿茶，特点是：条索扁平显锋苗、色泽绿润显毫、嫩香馥郁、滋味浓爽、回味甘醇。采摘单芽和一芽一叶。

1.摊青　鲜叶薄摊在篾垫或尼龙网框上，置于室内通风洁净处3小时左右，待芽叶失水15%左右，芽叶色失去光泽，稍有青香即可。

2.杀青做形　电炒锅锅体温度220℃，投放摊青叶250克/次，翻炒3～5分钟，降低锅温进行做形。前期手法为轻压、捺、翻、抖，使茶条扁平，中间改为抓、捺、翻、抖，将茶条理直收紧，后期在捺、翻、抖中增加搭的动作（具体手法参考本节扁形绿茶加工），进一步使茶条平整挺直，苗锋显露，达五六成干（含水率30%左右）时出锅，全程约25分钟。再摊凉30～60分钟。

3.初干整形　在电炒锅中投入在制品叶250～300克，手法以抓、捺、翻为主，交替进行，使茶条进一步扁平润滑、芽锋显露，温度由低到高，时间约10分钟，待含水率达15%～18%时出锅摊凉。

4.足干固形　用6CH901单斗式烘焙机，温度60℃左右，摊叶厚度2～3厘米，时间20～25分钟，至香气散发，白毫显露，手捻茶叶成末，含水率6%左右即成。

第三节　红茶加工

16世纪中叶，福建崇安桐木关一带首创了小种红茶，其制作工艺有萎凋、揉捻、转色（发酵）、过红锅、复揉、熏焙和复火等工序，茶叶品质独具一格。18世纪中叶，在小种红茶的基础上，又开创了工夫红茶的加工方法，工夫红茶成了当时主要出口产品之一。随着印度、斯里兰卡、肯尼亚等红茶参与国际市场以及内销茶叶结构的变化，20世纪70年代后，我国红茶的产量和销量都有较大幅度下降。2019年全国红茶产量30.72万吨，占茶叶总产量的11.0%，产量居第3位。国内年消费量22.60万吨，占比11.16%，销量也是居第3位。北方虽然不是红茶主销区，但随着消费人群结构的变化，山东红茶的自产量和销量也都在逐年增加。

一、红茶加工工艺

红茶属全发酵茶，总体品质特征是，干茶红中带褐、色泽偏深，红汤红叶。优质红茶要求外形乌润显金毫，汤色红艳有金圈，显蜜香或花香，滋味鲜浓甜润甘滑。著名的云南滇红和广东英德红茶是大叶种红茶，主要是以芳樟醇为主所呈现的花果香和甜香。茶汤易显现"冷后浑"，即茶汤冷却到16℃左右后出现的乳状浑浊现象，又称"乳凝"，它是茶黄素与咖啡碱的络合物，是优质红茶的特征。安徽祁红和福建金骏眉是中小叶种红茶，主要是以香叶醇、苯乙醇所呈现的玫瑰香。

适制红茶品种鲜叶要求茶多酚、咖啡碱含量高。鲜叶经萎凋、揉捻（或揉切）、发酵、烘干而成。按成品茶形状分红条茶和红碎茶。红条茶的工艺是：鲜叶→萎凋→揉捻→发酵→干燥；红碎茶的工艺是：鲜叶→萎凋→打条（揉捻）→揉切→发酵→干燥（红碎茶不作具体介绍）。

在新工艺红茶中，揉合了乌龙茶摇青工艺，用以增加或提高成品茶花蜜香。

（一）原料

高档红茶以一芽一叶为主；大宗红茶以一芽二三叶和同等嫩度对夹叶为主。

（二）萎凋

萎凋作用相当于绿茶摊放。传统做法是采用日光萎凋和室内自然萎凋相结合，先是日光萎凋1小时左右，再在温度25℃、相对湿度80%左右的室内自然萎凋10～15小时。相对湿度低于70%时，室内自然萎凋8～10小时。萎凋到鲜叶失去光泽，芽叶蔫软，嫩梗折而不断，略有青香时即可。

规模化生产采用传统法萎凋需要大面积厂房，功效低，故现代均采用萎凋槽萎凋。车间温度25℃、相对湿度75%左右，萎凋槽摊叶厚度15～20厘米，先鼓室内自然风，再鼓30～35℃的热风，然后又鼓室内自然风，各阶段鼓风时间约1/3。中小型萎凋槽的风量每小时17 000～20 000米³，大型萎凋槽每小时风量55 000～65 000米³，风量大小以不吹散叶层为度。为使萎凋均匀，中间需翻叶2～3次。全程需8～12小时。萎凋失水率在15%～20%，也即萎凋叶含水率在58%～64%，特征是芽叶绵软、叶色变暗、折梗不断。

（三）揉捻

依产量选用不同规格的揉捻机（见第十章第二节红茶加工机具）进行揉捻，按轻—重—轻加压方式揉90分钟左右，以茶汁揉出黏附茶叶表面，部分嫩筋叶泛橙黄色为度。揉捻充分，儿茶素氧化得多，生成的茶黄素、茶红素也越多，这就是红茶揉捻比绿茶揉捻时间长的原因。

（四）发酵

1.发酵机理 发酵是红茶制作的关键工序。茶叶发酵的机理是，让芽叶中的儿茶素在多酚氧化酶和过氧化合酶的作用下氧化成茶黄素和茶红素。儿茶素是存在于细胞的液泡里面的，而在细胞原生质里的叶绿体和线粒体中含有多酚氧化酶和过氧化合酶。当萎凋叶揉捻时，细胞的半透性液泡膜受到损伤，泡液渗出，白色的儿茶素便与氧化酶接触，发生酶促氧化，产生黄色的儿茶素邻醌，随后聚合形成联苯酚醌，联苯酚醌的氧化生成茶黄素，呈橙黄色，是决定红茶汤色明亮度和金圈厚薄以及滋味鲜爽度的主要成分。茶黄素再氧化产生茶红素，呈红色，是红茶汤色红艳和滋味甜醇的主要成分。茶红素再进一步氧化并与氨基酸等物质聚合，最后形成了茶褐素，它呈暗褐色，是使红茶汤色发暗滋味淡薄的主要成分，加工时，萎凋重，长时间缺氧发酵是主要成因。这就是红茶发酵的全过程，所以红茶发酵就是儿茶素的氧化过程，实际上从揉捻开始到烘干前都在进行发酵。

红茶发酵程度与汤色香气的关系以及茶黄素茶红素和茶褐素与红茶品质的关系见表9-8与表9-9。

表9-8　红茶发酵程度与汤色香气的关系

发酵程度	汤色	香气
不足	橙黄	带有青气（发酵叶味）
轻	橙红	有花香
中	红带金圈	花香甜润
较重	红浓	果香
重	红褐	有酸味

表9-9　茶黄素茶红素和茶褐素与红茶品质的关系

项目	茶黄素（TF）	茶红素（TR）	茶褐素（TB）
占干物质总量	0.3%～1.5%	5%～27%	4%～9%
色泽	金黄色	红色	褐红色
滋味	辛辣，有强收敛性	收敛性较强，味甜醇	平淡稍甜醇
对汤色影响	与明亮程度和金圈的厚薄有关	与红艳度有关	汤暗褐
对滋味影响	与强度和鲜爽度有关	与甜醇度有关	淡薄

从王登良的试验样本测定知（图9-11），红茶发酵过程中茶多酚和儿茶素是随着发酵时间的延长而明显下降，如茶多酚从最初的30.1%到200分钟后下降到12.5%，儿茶素从12.5%下降到3.3%。儿茶素的氧化物茶黄素从最初的0.06%，经过100分钟后上升到1.27%，随后呈下降趋势；茶红素从最初的1.5%，经过140分钟后达到10.7%，以后也连续下降。唯有茶褐素随着时间的延长一直增加，这也就是重发酵茶褐素大量增加致使茶汤发褐滋味不醇爽的原因。

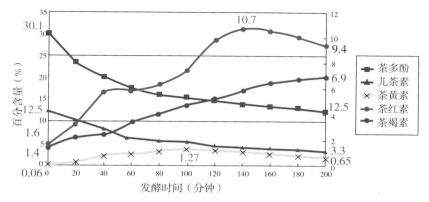

图 9-11 红茶发酵过程中茶多酚及其氧化物的消长情况

2.发酵方法 将揉捻叶置于木制或篾制发酵筐（盒）内，摊叶厚度 8～12厘米，不可揿压，上面加盖清洁湿布，放在相对湿度95%、温度在 25℃～28℃的发酵室内，发酵叶的温度保持在30℃左右。制1千克红茶，需 消耗氧气4～5升，所以必须保持发酵室空气流通新鲜。一般春茶发酵需 3～5小时，夏秋茶2～3小时（时间与揉捻程度有关）。当发酵叶呈紫（赤） 铜色，有果香散发时即可。发酵结束后需立即进行烘干。发酵叶含水率在 56%～60%。

专用红茶发酵机，如YX-6CFJ-5B红茶发酵柜，可自动控温控湿、喷雾供 氧，操作方便，发酵效果好，质量稳定。

（五）干燥

一是通过高温烘干，抑制酶的活性，终止发酵进程，避免发酵过头；二是 大量蒸发水分，使茶叶干燥，便于贮藏；同时还具有整理条索、固定形状、提 高香气、增强滋味醇厚度等作用。用自动烘干机分两次烘，第一次初烘，温度 110℃～120℃，时间10～15分钟，烘至含水率18%～20%。摊凉40分钟，进 行第二次足烘，温度85℃～95℃，时间15～20分钟，烘至含水率5%～6%。 不论初烘或足烘，温度都不能高，否则干茶枯竭，有高火或老火味。

红茶加工常见的主要问题是，用酚氨比较低适制性较差的品种制红茶，儿 茶素本底低；揉捻时间不到1小时，叶组织未充分破碎，儿茶素氧化率低，难 以生成丰富的茶黄素和茶红素，以上都会造成发酵不足。为了弥补这一缺陷， 有的延长发酵时间，有的用高温烘干掩盖叶张花杂，造成成品茶色泽黝黑，有酸馊味、火工味还带有青气。这种茶滋味不爽，口感不悦。

二、山东红茶例

（一）御海湾红茶

日照御海湾茶博园有限公司2010年所创制的条形红茶，具有条索乌润显棕毫，汤色红亮，显花香，滋味鲜爽甘醇之特点。主要工艺是：

1.原料　9月采摘一芽二叶，其中有20%左右是紫芽叶。

2.萎凋　日光萎凋1小时，再用萎凋槽全程鼓自然风萎凋8～9小时。

3.揉捻　6CR-45揉捻机不加压揉捻30分钟，加压30分钟，解块后再不加压揉捻20～30分钟，以茶汁黏附茶条，茶叶泛橙黄色为度。

4.发酵　用YX-6CFJ-5B红茶发酵柜发酵，设定温度28℃、湿度98%，中间鼓风供氧2～3次，全程时间3小时20分钟，茶叶呈紫铜色时即停止发酵。

5.烘干　用6CH941多斗式茶叶烘焙机，初烘温度110～120℃，烘15～18分钟，摊凉回潮30分钟，再用90～95℃温度烘至足干，即含水率达6%，需时15～20分钟。

（二）盛润红茶

由日照盛润茶业专业合作社2012年创制的红条茶，特点是：外形卷曲细紧乌润有毫，汤色棕红明亮，甜香或果香，滋味甜醇鲜爽（图9-12）。采制工艺如下：

1.原料　采摘夏秋茶，其中一芽一叶60%、一芽二叶40%。

2.萎凋　室内自然萎凋15小时。萎凋间温度24～26℃，相对湿度65%～70%，摊叶厚度2厘米，中间翻拌2次。

图9-12　盛润红茶

3.揉捻　6CR-55型揉捻机揉90分钟，先不加压揉45分钟，加压15分钟，不加压5分钟，再加压15分钟，不加压10分钟。也即加压与不加压交替进行。

4.发酵　室内自然发酵，发酵室温度27℃，相对湿度90%，摊叶厚度10

厘米，发酵时间4小时，2小时左右翻拌1次。至略有花香逸出时结束。

　　5.干燥　毛火温度120℃烘15分钟，下烘后回潮30分钟，再用足火温度110℃烘10分钟，最后用90℃左右温度焙干5分钟。烘至含水率6%以下。

第四节　乌龙茶加工

　　乌龙茶是中国特有茶类之一。据称，每天喝15克乌龙茶可以促进人体脂肪氧化和能量消耗，所以又称为"减肥茶"。国内乌龙茶市场除产地及其周边地区外，主要是大中城市和港澳台地区，国外主要是东南亚各国、日本以及美国、欧洲等地。20世纪80年代以来，乌龙茶因其特有的香味风韵，受到消费者的青睐，产销量均逐年增长。2019年全国乌龙茶产量27.58万吨，占茶叶总产量的9.87%，国内年消费量21.63万吨，占比10.68%，产销量均居第4位。随着乌龙茶进入北方市场，青岛等地也开始生产乌龙茶，如万里江茶业公司2005年生产的"北方乌龙茶"，一经面世，就受到好评。

　　乌龙茶属于半发酵茶，总体品质特征是，干茶青褐（所以也叫青茶），汤色金黄或绿黄，香气馥郁悠长，有花果香或花蜜香，花香型芳香物质丰富（表9-1），滋味浓醇回甘，叶底绿中有红。

　　乌龙茶的前半部分工艺类似于红茶，即摇青（相当于揉捻）使叶片边缘部分破损，发生酶促氧化，叶边泛红色。后半部分类似于绿茶，即炒青（杀青），高温将酶杀死，使没有氧化的叶片部分保持绿色，这样便形成了乌龙茶特有的"绿腹红镶边"特征（图9-13）。

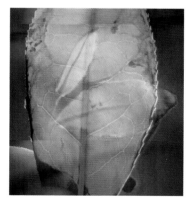

图9-13　摇青后叶边氧化红变

　　需要强调的是，乌龙茶必须用适制的乌龙茶品种（具体品种见第三章第一节品种的选用）。

一、乌龙茶加工工艺

主要工序有晒青、做青（多次晾青和摇青）、炒青、揉捻、烘干、包揉、干燥。以闽南春季乌龙茶工艺作一介绍。

（一）原料

以晴天（阴雨天一般不采制）9：00—15：00（午青）小至中开面时采对夹二三叶或三四叶（见第四章第六节茶叶采摘）。鲜叶采后不可损伤或失水太多，否则叶脉、茎间水分输送受阻，做青"走水"不正常，造成"死青"。

（二）晒青

上午11：00之前或下午15：00之后的弱日光或中等强度日光下晒20～30分钟，其间翻2～3次，使晒青程度均匀，失水率为5%～10%。

（三）做青

做青是指摇青和晾青，是乌龙茶加工的关键工序。乌龙茶的香气主要是轻度萎凋叶在反复摇青的过程中产生的。原来形成乌龙茶香气的主要成分橙花叔醇之类的萜烯醇，在鲜叶中是以糖苷的形式存在的，当鲜叶经过萎凋和摇青，尤其是叶子受到机械损伤后，在糖苷酶的作用下，萜烯醇类糖苷进行分解，使萜烯醇变成游离状态，从而透发出浓郁的花香。正常情况下，鲜叶晒青前细胞膨压大，叶片呈饱满状态，晒青后略呈萎蔫状，晾青后又略显饱满状态，摇青后稍呈萎蔫状。做青结束后，叶片叶缘垂卷，叶质柔软，叶背翻卷成"汤匙状"，叶尖、叶缘出现较多红点，有清香或花果香逸出。摇青和晾青交替进行4～5次，总历时12小时左右。做青间温度为20～26℃，相对湿度65%～75%。

1.摇青　摇青又称"浪青"，青叶多次在摇青机或摇青筛中滚动、振荡，使叶片互相碰撞，叶片边缘部分破损发酵，起到多酚类、色素类等物质发生酶促氧化、香气组分转化以及青草气挥发等作用。

摇青用摇青机，一般分4次摇，第一次2分钟，第二次4分钟，第三、第四次都是8～10分钟，共22～26分钟。少量的亦可用手"碰青"，即双手手掌托着青叶将其翻动，使其相互碰撞，起到摇青机同样的作用。

2.晾青　在晒青后与摇青前后，将青叶摊放于室内进行自然萎凋，称之为

"晾青"（图9-14）。它使晒青叶或摇青叶中部、叶脉、嫩茎的水分向全叶再均衡分布，又称"走水"。

将摇青叶摊放在水筛或竹帘里，放置在萎凋架上。第一次摊叶厚2～3厘米，晾1～1.5小时，第二次摊叶厚3～5厘米，晾2～2.5小时，第三次摊叶厚10～12厘米，晾3～3.5小时，第四次摊叶厚12～15厘米，晾3～5小时。共晾9～12.5小时。

图9-14　晾　青

（四）炒青（杀青）

用锅式或滚筒杀青机，锅体温度在300℃以上，杀青叶含水率达到60%左右。

（五）揉捻

一般一次杀青叶一次装桶揉捻，热揉（温揉），快速加压，时间10～25分钟，以茶汁外溢为度。揉后解块。如果不做成颗粒状下一步直接进入烘干。

（六）包揉

又称团揉。将揉捻叶趁热放入方布巾中包成球状，再将包球放入包揉机中进行转、揉、挤、压，时间1～2分钟，待包紧实后松包解块。根据需要可重复包揉4～6次。经包揉后的茶叶成蜻蜓头状或颗粒状。

（七）烘焙

烘焙的目的一是抑制残余酶的活性，防止酶促氧化；二是促使内含物质继续进行热化学变化，提高香味；三是失水干燥，固定形状。烘焙包括初焙、复焙、足干。初焙又称毛火、初烘，复焙又称复火、复烘，足干又称足火、炖火。有的复焙和包揉（团揉）工艺交替进行。炖火是采用文火慢焙，以增进滋味的醇爽度。烘焙至手搓茶叶成粉末，折梗易断，色泽油润，香气突显，含水率为5%～6%。烘焙机具及各项参数见表9-10。

表9-10　乌龙茶烘焙不同机具参数

（中国茶产品加工，2011）

机具	焙次	温度（℃）	摊叶厚（厘米）	时间
烘干机	初焙	110～120	1～2	6～8分
	复焙	80～100	2～3	6～8分
	足火	80	2～3	10～15分
	炖火	50～60	4～6	3～4小时
焙笼	初焙	100	1～2	6～8分
	复焙	80～90	2	6～8分
	足火	80	2～3	10～15分
	炖火	50～60	4～6	3～4小时

二、山东乌龙茶例

北方乌龙茶　是青岛万里江茶业有限公司2005年采用引种的铁观音、金萱、黄棪、梅占等乌龙茶品种创制的乌龙茶，品质特点是，肥壮圆结砂绿油润，汤色金黄明亮，兰香高锐持久，滋味鲜醇高爽，叶底肥厚软亮。

由于青岛的自然条件有别于福建乌龙茶区，使茶树的生长习性发生了改变，因此加工工艺也作了相应的变革。经过多次试验，摸索出了一套适合当地加工的技术，创制出了可与南方相媲美的乌龙茶，开创了北方茶区生产乌龙茶的先例。北方乌龙茶先后获得了山东省科技进步三等奖、青岛市科技进步二等奖。

（一）茶树栽培管理

采用双行狭幅梯地种植。根据乌龙茶品种需要重施有机肥、多施氮肥的要求，投产茶园9月底10月初面施腐熟农家肥300千克，另加复合有机肥150千克作基肥。3月下旬亩施青岛和协豆粕生物菌肥200千克，7月初亩施氮磷钾复合肥50千克作追肥。越冬前浇足越冬水，茶行间铺草培土，采用扣小拱棚保温，茶树基本不受冻害，即使个别年份冻害较重，茶树经修剪肥培管理后，较快恢复，当年仍可采制秋乌龙茶。

（二）鲜叶采摘

时间在5月、7月和9月下旬。采摘标准因品种而异，铁观音、梅占采小至中开面（即对夹二三叶）；持嫩性较强的金萱、黄棪，先摘去顶芽，隔3～4天后再采摘二三叶（相当于中开面）。

（三）晒青

上午和中午采摘的鲜叶在15:30后放置于较弱阳光下晒30～45分钟，其间轻翻1～2次。

（四）做青

做青间洁净，无阳光直射，无沙尘，温度保持在23～26℃，相对湿度在75%～85%。摇青与晾青交错进行，即摇1次紧接着晾1次，直到4次摇晾全部完成。当做青叶失去光泽，叶缘略向叶背翻卷，折梗易断，有花果香逸出时结束。

1.摇青 用6CWYZ-100摇青机（福建安溪西坪永兴茶叶机械厂产），投叶量是滚笼体积的50%左右。第1次摇1～2分钟，第2次摇3～7分钟，第3次摇5～6分钟，第4次摇10～15分钟。

2.晾青 做青叶放于竹匾置于萎凋架上，第1次摊叶厚3厘米，晾1.5～2小时，第2次摊叶厚3～4厘米，晾2～2.5小时，第3次摊叶厚6～8厘米，晾3～3.5小时，第4次摊叶厚10～12厘米，晾4～4.5小时。

（五）炒青

用80型瓶式滚筒炒干机（浙江春江茶叶机械厂产）或90型燃气炒青机，温度280～300℃，时长2分钟左右。

（六）揉捻

用6CR55型或65型揉捻机，投炒青叶约揉桶的80%，轻压轻揉约10分钟。

（七）包揉造型

按铁观音外形造型，工序是速包、团揉、解块。

1.速包 先用1.4米²的棉布将茶叶包裹，放于6CW-80型包揉机（浙江上洋机械有限公司产）上快速揉成球状。

2.团揉 将揉成的包球放于平板机两平板中间揉压，待茶叶基本成半球形或颗粒形后即可。

3.松包 先用手将球块掰小，再放入松包机解块，并除去碎末。

（八）烘焙

干燥温度逐渐降低，摊叶逐步增厚，全程需4.5～5.5小时（表9-11）。烘至含水率6%，下烘摊凉包装。

表9-11　北方乌龙茶烘焙工艺参数

机具	焙次	温度（℃）	摊叶厚（厘米）	时间（分）
6CTXJ 烘干机	初焙	110～120	2～3	10～15
	复焙	90～100	4～6	20～30
	足火	70～80	6～8	60～90
	炖火	60～70	8～12	120～150

第五节　黄茶加工

黄茶是我国六大茶类之一，产量最少，2019年产量为0.96万吨，占茶叶总产量的0.35%。黄茶几乎都是内销，因销区小，饮用者少，2019年内销量为0.83万吨，占比0.41%。黄大茶在传统消费区如山东沂蒙山区等是不可替代的茶类。

黄茶实际上是由绿茶演变而来的，它出现的年代早于乌龙茶和红茶。据明代许次纾（1549—1597）《茶疏·产茶》载："大江以北，则称六安，然六安乃其郡名，其实产霍山县之大蜀山也。茶生最多，名品亦振。河南、山陕人皆用之。南方谓其能消垢腻，去积滞，亦共宝爱。顾彼山中不善制造，就于食铛大薪炒焙，未及出釜，业已焦枯，讵堪用哉。兼以竹造巨笱，乘热便贮，虽只有绿枝紫笋，辄就萎黄，仅供下食，奚堪品斗。"这是描述当时安徽霍山黄大茶的制法。表明明代中期已产黄茶（图9–15）。

图9–15　黄大茶

根据黄茶的定义，在加工过程中有闷黄工序的才能称黄茶，概属于轻发酵茶。然而，造成黄色茶的因素较多，有的是自然突变体如中黄1号、中黄2号、黄金芽等芽叶本身就是黄色，即使采用绿茶加工工艺，成品茶仍是黄汤黄叶；有的是绿茶加工技术不规范，如杀青时多闷少抛或杀青叶未及时散热堆放，造成闷黄；有的是揉捻叶不及时干燥甚而放过夜，在湿热状况下造成非酶促氧化，使叶色泛黄，等等，尽管如此，它们仍属于绿茶类。这类茶一般香气低沉，滋味不爽。

黄茶无适制专一品种要求，一般都是采用当地群体品种。按鲜叶采摘嫩度和工艺特点分黄小茶和黄大茶。传统黄小茶主要有湖南的君山银针、沩山毛尖、北港毛尖，四川的蒙顶黄芽，浙江的平阳黄汤，湖北的运安鹿苑等，主销北京、天津、长沙、武汉、成都等城市。黄大茶有安徽的六安黄大茶、广东的大叶青等，主销山东沂蒙地区和山西太行山一带。

一、黄茶加工工艺

黄茶基本工序有杀青、揉捻、闷黄、干燥。闷黄是黄茶特有的工艺，主要是茶叶在湿热条件下，长时间的堆闷使叶绿素a与叶绿素b大量降解，如经6小时闷黄，叶绿素总量仅为杀青叶的46.9%（表9–12），而较稳定的胡萝卜素保留量较多，使叶绿素和类胡萝卜素的比值下降，导致干茶与叶底色泽变黄。同时，在高温高湿条件下，茶多酚、氨基酸等发生氧化、缩合反应，水浸出物、茶多酚、儿茶素和氨基酸有明显的降低（表9–13），如闷黄6小时后，三者的含量分别为杀青叶的88.64%、77.61%和83.50%。据氨基酸组分测定，闷黄6小时，茶氨酸含量减少22.4%，谷氨酸减少9.9%，苯丙氨酸减少21%。这样最终导致黄茶汤色橙黄，茶汤醇厚度比同样原料制的绿茶有所降低。

表9-12　闷黄过程中叶绿素含量的变化

（中国茶产品加工，2011）　　　　　　　　　　　单位：毫克/克

项目	叶绿素 a		叶绿素 b		总量	
	含量	相对 %	含量	相对 %	含量	相对 %
杀青叶	0.97	100	0.59	100	1.56	100
闷 2 小时	0.82	84.5	0.38	63.8	1.20	77.0
闷 4 小时	0.71	72.7	0.29	48.9	1.00	64.1
闷 6 小时	0.56	57.7	0.17	29.1	0.73	46.9

表9-13　闷黄过程中水浸出物、茶多酚和氨基酸含量的变化

（中国茶产品加工，2011）　　　　　　　　　　　单位：%

项目	杀青叶	闷 2 小时	闷 4 小时	闷 6 小时
水浸出物	39.53	38.12	36.88	35.04
茶多酚	29.79	27.56	25.67	23.12
氨基酸	1.03	0.96	0.92	0.86

用来闷黄的茶坯含水率一般为40%～50%。闷黄工序各种黄茶有不同的时间段，如蒙顶黄芽杀青后闷黄，北港毛尖、鹿苑茶揉捻后闷黄，君山银针、黄大茶初烘后闷黄，平阳黄汤是边烘边闷即"闷烘"黄。

（一）黄小茶工艺

总体品质特征是，色黄，汤黄，叶底黄，香气清纯，滋味甜爽。以君山银针为例作一介绍。

1.**鲜叶采摘与摊青**　采摘春茶单芽和一芽一叶初展叶。阴凉处薄摊4～6小时，中间不翻动。

2.**杀青与摊凉**　手工杀青，锅温120℃左右，投叶量300克/锅，经3～4分钟后，锅温降至80℃，炒至芽叶萎软，有青香逸出。杀青减重率约30%。出叶后先簸扬散热，再摊凉10～20分钟。

3.**初烘与摊凉**　在制品分成3份，放于烘笼上用50～60℃的炭火烘焙约25分钟，其间每隔4～5分钟翻1次。烘至五六成干，倒出摊凉10～20分钟。同批茶汇总（图9-16）。

4.**初包发酵**　摊凉后的茶叶用双层皮纸按1 000克或1 250克包成1包，置

于铁箱或木箱中，封盖40～48小时，中间翻包1～2次通氧，待芽叶呈橙黄色时进入复包发酵。

5.复包发酵 主要是弥补发酵不足，用双层皮纸包好后置于箱中20～22小时。至茶叶色泽金黄，香气浓郁即可。

6.足干 烘笼温度50～55℃，一次烘叶量500克，烘至含水率5%。

图9-16 炭火烘焙

（二）黄大茶工艺

黄大茶主产于大别山一带的安徽霍山、六安、金寨、岳西和湖北的英山等县市。采摘一芽四五叶，叶大梗长，品质特点是，梗叶金黄显褐，汤色深黄显褐，叶底黄中显褐，滋味浓醇焦香（锅巴香）。具体工艺按霍山黄大茶的传统制法作一介绍。

1.采摘标准 春茶在5月初（立夏）前后2～3天开采，采3～4批，采期一个月左右，采摘叶大梗长的一芽四五叶。夏茶在6月上旬（芒种）后3～4天采1～2批。采回的鲜叶摊放在洁净场所，摊至茶叶萎蔫。

2.加工 分炒茶（杀青和揉捻）、初烘、堆积、烘焙等工序。

（1）炒茶 分三锅相连操作。将家用饭锅砌成生锅、二青锅、熟锅三锅相连的炒茶灶，锅体呈25～30°倾斜。用竹箬丝扎成长1米前端直径约10厘米的炒茶把（竹丝把）。生锅用来杀青，锅腔温度180～200℃，投叶量0.25～0.5千克/锅。炒时两手持炒茶把在锅中旋转翻炒抖扬茶叶，时间3分钟左右，待叶质柔软，即扫入第二锅中。二青锅主要用作继续杀青和初步揉条，锅温约160℃左右，炒时用力比生锅大，使叶子顺着炒把转，起揉捻作用。当叶片成条，茶汁粘着叶面，有黏手感时，进入熟锅。熟锅主要是进一步做细茶条，锅温130～150℃。此时叶子比较柔软，用炒把旋炒搓揉，茶叶被圈到箬丝间（俗称"钻把子"），稍加抖动，叶子又散落锅中，这样反复操作，促使粗老叶成条。炒至多数成条，有茶香，即可出锅。

（2）初烘 炒后立即用竹制小烘笼炭火高温快烘，笼顶温度110～120℃，茶叶温度70～80℃，每烘笼烘叶量2～2.5千克，每2～3分钟翻1次，约烘30分钟，达七八成干、有刺手感、折之梗断皮连即为适度。

（3）堆积　是黄变的主要工序。将初烘叶趁热装入竹制篓内，盖以棉布，置于高燥的烘房内，烘房温度40～50℃，经6～8天，待叶色变黄，香气透露即可。

（4）烘焙　①毛火（拉小火）：用烘笼烘焙，要低温慢烘，温度80～90℃，进一步促进黄变和散失水分，下烘后趁热再闷黄5～8天。②足火（拉老火）：笼顶温度120～130℃，茶叶温度80℃左右，每一烘笼摊叶量12千克左右。1分钟内要翻动数次，翻叶要轻快。烘至茶梗金黄、折梗即断、梗心菊花状、芽叶黄褐起霜、焦香显露即成。下烘后要趁热装箱密封，可起到热处理作用。

二、山东黄茶例

御海湾老干烘黄茶是日照御海湾茶博园有限公司于2018年所创制的黄茶，特点是色泽黄橙带褐，汤色深黄明亮，香气浓厚纯正，滋味浓醇甘滑，叶底黄中显褐。加工工艺是：

1.采摘　9月采摘一芽二三叶，不采紫芽叶、病虫叶等。

2.摊放　鲜叶放篾篓中摊放4～6小时，厚度2～3厘米，每隔1小时翻一次。摊至顶端一芽一叶呈下垂状。

3.杀青　用直径50厘米转速为32转/分的6CDLS-50滚筒杀青机，锅体温度360℃左右，连续均匀往滚筒内投入鲜叶，杀青过程为2～3分钟。每小时杀青20～25千克。

4.揉捻　用6CR-40揉捻机趁热揉，每桶投杀青叶约8千克，不加压揉15～20分钟，揉至条索成形、无茶汁渗出。揉后解块。

5.烘闷（干燥）

（1）第一次烘。用6CH901单斗式茶叶烘焙机，温度约120℃，投叶量1～1.2千克/斗，用手多抖少闷约20分钟，烘至折梗不断，含水率约35%时下烘。

（2）第一次闷。下烘叶趁热放置于竹篾篓，堆成约30～40厘米高的茶堆，外罩双层棉纱布进行渥堆，上再盖篾篓保温。堆闷6～7小时，前期约2小时翻拌一次，以防温度过高。后期根据温度情况适当翻拌数次，达到梗黄、叶微黄程度即可。

图9-17　第一次闷后的黄茶色泽

（3）第二次烘。用单斗烘焙机，温度约120℃，投叶量1～1.2千克／斗，用双手不断翻炒20分钟左右，有茶香逸出，含水率15%～20%时下烘。

（4）第二次闷。方法、时间与第一次闷一样。叶、梗黄的程度达到80%左右即可。

（5）第三次烘。单斗烘焙机温度调至150℃，投叶量1～1.2千克／斗，用双手不断翻炒8～10分钟，炒至茶梗略泛白、叶片褐黄、茶香明显、含水率约6%，下烘后即装桶压实，让其继续黄化一程。

第六节　白茶加工

白茶也是我国产量很少的特有类之一，2019年产4.96万吨，占茶叶总产量的1.78%。2019年内销4.22万吨，占比2.08%，产销量均列第5位。此外，白茶还外销东南亚、欧美国家和中近东地区。

一、白茶的概念

（一）白茶的分类

白茶因外形满披白毫而得名。起源于福建，清嘉庆元年（1796）福鼎茶农用菜茶群体种茶树芽壮多毫的单芽制作银针，1885年后专用福鼎大白茶等品种制银针，1922年建阳县水吉乡民用福建水仙创制了白牡丹。现今白茶主产区在福鼎、福安、政和、松溪、建阳等县市。通常，产于福鼎等地的称"北路银针"，产于政和等地的称"西路银针"。近年来，云南、贵州等省也有用芽叶粗壮多毫的品种制作白茶的，如云南用景谷大白茶品种等制"月光白"。不过传统白茶品种主要还是福建的福鼎大白茶、福鼎大毫茶、政和大白茶、福建水仙等。福鼎大白茶品种制白茶芽叶肥壮、色泽银白，水仙品种制白茶兰香高久。芽叶嫩度与白茶品类有密切关系，如用单芽制白毫银针，一芽一二叶制白牡丹，一芽二三叶制贡眉，与一芽二三叶同等嫩度的对夹叶或"抽针"后的单片制寿眉。品质最优的是白毫银针，特征是银白如针，汤色杏黄，香气清鲜，显毫香，滋味鲜纯甘爽，叶底嫩绿脉梗微红（图9-18）。

传统白茶属于微发酵茶，不杀青、不揉捻，只有萎凋、烘焙两个工序，不会破坏酶的活性，有少量的氧化作用，所以保留了较多的氨基酸、茶多酚、维生素等物质，是最自然质朴的茶类，因口感清爽偏淡无苦涩味，初饮茶者易接受。

与黄叶茶一样，白叶茶亦有自然突变体，如白叶1号（安吉白茶）、白叶2号（建德白茶）、云峰15号（磐安白茶）等，春茶叶白脉绿，多数采摘一芽一二叶采用绿茶工艺加工，成品茶都属于绿茶类。

图9-18　制白毫银针的单芽

（二）白茶加工过程中生化成分的变化

传统白茶工艺有两种，一是萎凋加烘焙，二是全程自然萎凋至干燥，亦就是"全阴干"。萎凋是白茶加工的关键工序，其间发生的主要生化变化有：

（1）儿茶素在多酚氧化酶和过氧化物酶催化下，儿茶素类化合物氧化聚合成少量茶黄素、茶红素等有色物质，其中L-EGCG和L-ECG酯型儿茶素比重减少，降低了苦涩味，形成了白茶特有的刺激性不强的香味。

（2）萎凋6小时后，氨基酸总量及茶氨酸、天冬氨酸减少，谷氨酸有所增加；萎凋6～18小时，因蛋白质水解，氨基酸增加27%左右，其中甜味氨基酸含量增加有助于白茶微甜滋味的形成。但茶氨酸、谷氨酸、蛋氨酸因参与香气等组分的构成而有所减少，天冬氨酸略有增加。咖啡碱在萎凋过程中变化不大。

（3）因呼吸消耗，萎凋42小时后可溶性糖从萎凋前的2.4%逐渐降至0.5%左右。萎凋42～54小时后，由于淀粉类物质水解成可溶性糖，又升至0.9%左右，这对增进白茶甘醇味有利。

二、白茶加工工艺

（一）传统白茶工艺　以福建白牡丹为例作一介绍。

1.鲜叶标准　一芽一叶和一芽二叶初展。不采雨水叶等。

2.**萎凋** 有室内自然萎凋、复式萎凋（室内自然萎凋辅以日光萎凋）、加温萎凋三种。工序是：萎凋→拼筛→拣剔→萎凋。

（1）室内自然萎凋。萎凋室通风流畅，无日光直射，清洁卫生，温度22～25℃，相对湿度65%～75%。鲜叶均匀薄摊在萎凋帘或萎凋筛上，厚2～3厘米，时间40～50小时。当萎凋达到七八成干时两筛并一筛，并摊成凹状，继续萎凋12小时左右，达九成干时下筛拣剔黄片、粗老叶、梗和夹杂物等。采用全萎凋方法的拣剔后继续萎凋至足干，即含水率为6%。

（2）复式萎凋。春、秋季在室外温度25℃、相对湿度70%情况下，弱日光晒30分钟，若温度高于28℃，相对湿度低于65%，则晒15分钟。萎凋叶有微热即移入室内降温，然后再进行第二次日光萎凋。如此反复2～4次，总时长1～2小时。拼筛、拣剔与室内萎凋相同。

（3）加温萎凋。阴雨天用萎凋槽加温萎凋。萎凋槽摊叶厚18～20厘米，风温30℃左右，鼓1小时停15分钟，其间翻拌数次，萎凋结束前20分钟鼓自然风，前后共萎凋12～16小时。拣剔方法同室内自然萎凋。

3.**烘焙** 采用烘干机和烘笼烘焙。烘焙至手搓成末，折梗易断，含水率达6%。

（1）烘干机烘焙。用6CH-20型自动链板式干燥机。萎凋叶九成干的一次性烘焙，风温80～90℃，摊叶厚3～4厘米，烘至足干，历时约20分钟；萎凋叶六七成干（含水率在45%～53%）的分二次烘焙，初烘风温90～100℃，摊叶厚3～4厘米，历时约10分钟。初烘后摊凉0.5～1.0小时。足火风温80～90℃，摊叶厚3～4厘米，烘至足干，历时约20分钟。

（2）烘笼烘焙。萎凋叶九成干的一次性烘焙，每笼摊叶0.5～1.0千克，温度40～50℃；萎凋叶六七成干的分两次烘焙，初烘每笼摊叶约0.75千克，摊叶下衬白布或白纸，以防灼伤芽毫，温度70～80℃，约30分钟后摊凉0.5～1.0小时。足火温度40～50℃，每笼约1.0千克，烘焙过程中翻拌数次，烘至足干。

（二）新工艺白茶加工

新工艺白茶亦称"新白茶"，是1969年福鼎创制的白茶，特点是呈半条形，叶张略有卷褶、暗绿带褐，汤色橙红，清香，味醇清甘。

1.**鲜叶标准** 采摘一芽二三叶和同等嫩度对夹二三叶，相当于贡眉原料标准。

2.**萎凋** 与传统白茶相同，有室内自然萎凋和加温萎凋。

（1）室内自然萎凋。鲜叶薄摊于萎凋帘上，历时48～70小时，要求嫩叶重萎凋，老叶轻萎凋。待叶色暗绿，微显清香即可。

（2）加温萎凋。加温萎凋方法同传统白茶加工。萎凋后进行堆青，即将萎凋叶松散装在篾篓内30～40厘米，叶温控制在25℃左右，历时3～5小时。要避免温度过高产生发酵。萎凋程度与自然萎凋相同。

3.揉捻　是新白茶工艺特点，目的在于改善因原料偏老、外形粗松、滋味淡薄问题。揉捻机稍加压或轻压揉捻10～15分钟，揉至外形稍呈条索状即可。

4.烘焙　用烘干机快速焙干，风温120℃左右，以茶叶手搓成末，折梗易断为度。

5.再制　烘焙后的茶经筛分、风选、拣剔后再进行一次烘焙，风温130～140℃，温度提高是有利于稍显火功香，消除粗涩味，这也是新白茶工艺的又一特点。

第七节　黑茶加工

黑茶是我国产量最多的特有茶类，2019年产量37.81万吨，占茶叶总产量的13.54%，产量居第2位。黑茶以内销为主，2019年销量为31.86万吨，占比15.73%，也是居第2位。

一、黑茶的分类

黑茶始产于明代中期，明嘉靖三年（1524）御史陈讲疏："以商茶低伪，悉征黑茶，产地有限，乃第为上中二品。"16世纪，四川绿茶、云南晒青茶等主要销西北和北方边远地区，因路途遥远，运输困难，产地遂将茶叶蒸（压）制成团块装于篾篓中，以减小体积，方便运输。在人背马驮的情况下，少则数十日，多则一年半载才能到达销区。在长途跋涉中，历经天气变化等多种因素的影响，茶叶中的多酚类、蛋白质、糖类等化学物质发生自动氧化、降解、聚合反应，并生成多种微生物，从而使茶叶产生了黑褐色的色素和特殊的陈香味，这就是茶叶的自然陈化，从生化和微生物角度理解就是后发酵。到了20

世纪中叶，为了缩短陈化时间，生产者模拟自然陈化的外部条件，将烘青或晒青茶采用加水渥堆的方法，生产出了品质类同的黑茶。

黑茶属于后发酵茶，在制造过程中由于堆积发酵时间较长，因此叶色乌润或黑褐，故名。黑茶的香味较为醇和，汤色橙黄带红或褐红。黑毛茶又称散茶，可直接饮用，也可再加工成紧压茶。现今采用人工陈化的黑茶包括湖南安化黑茶、湖北老青茶、四川南路边茶、广西六堡茶、云南普洱茶等。它们的共同点，一是都采用当地群体品种，二是原料较粗老，三是都有渥堆（堆积）发酵过程。主要区别是鲜叶的嫩度和渥堆的时间段不同，如老青茶（里茶）和南路边茶（做庄茶）采割枝（青梗）叶在杀青后渥堆；一级安化黑茶采一芽三四叶、一级六堡茶采一芽二三叶在杀青、揉捻后湿坯渥堆；普洱茶、云南沱茶以大叶种以一芽二三叶至四五叶制成晒青茶也即晒干后渥堆。

（一）湖南黑茶

主产安化、益阳、桃江、临湘等地。基本工序是鲜叶→杀青→初揉→渥堆→复揉→干燥。按工艺和形状分为：

1.黑砖茶　长35厘米×宽18厘米×厚3.5厘米的长方块，重2 000千克，砖面色泽黑褐，香气纯正，滋味浓厚微涩，汤色红黄微暗，叶底暗褐。

2.花砖茶　历史上又称"花卷茶"，即是卷成高1.47米，直径20厘米的圆柱茶，重量正好是老秤（十六两制）的1 000两，所以又叫"千两茶"。现今有制成100两（十两制）的称"百两茶"。品质特征和黑砖茶基本相同。

3.茯砖茶　又称"湖茶"，因在伏天压制，故又叫"伏茶"。茯砖茶是长35厘米×宽18.5厘米×厚5厘米的长方砖，重2 000千克。茯砖茶压制要经过蒸汽沤堆、压制定型、"发花"干燥等工序。砖面色泽黑褐，香气纯正，滋味醇厚，汤色红黄明亮，叶底暗褐。砖内的金黄色斑状粉末俗称"金花"（特制茯砖）或"黄花"（普通茯砖），干闻有黄花清香，它是灰绿曲霉的菌孢子群，具体菌种是冠突散囊菌。灰绿曲霉分泌的淀粉酶和氧化酶，使淀粉转化成糖，同时促使多酚类化合物氧化，使茶的粗涩味消失，产生特殊的香味，所以"金花"多是优质茯砖茶的标志。

（二）湖北青砖茶

又称湖北老青茶，主产湖北的赤壁（蒲圻）、咸宁、通山等市县。工序是鲜叶→杀青→初揉→初晒→复炒→复揉→渥堆→晒干。青砖茶原料较老，叶中带梗。外形是长35厘米×宽15厘米×厚4厘米的长方块，色泽青褐，香气纯正，滋味尚浓，汤色红黄，叶底暗黑。

（三）四川南路边茶

以四川雅安、宜宾、乐山为主产地。鲜叶杀青后经多次蒸揉和渥堆后干燥，又称"做庄茶"。成品茶含有部分茶梗，色泽棕褐如猪肝色，汤色红黄，茶香浓陈，滋味醇和，叶底棕褐。

（四）广西六堡茶

因产于广西苍梧县六堡乡而得名，原料为一芽二三叶至四五叶。特征是黑褐光润，汤色红浓，香气醇陈，滋味甘醇爽口，叶底铜褐色，有松烟味和槟榔味。

（五）云南普洱茶

主产云南西双版纳、普洱、临沧等地。普洱茶是一种经渥堆发酵的茶，也即在晒青毛茶的基础上，加水发酵而成，又称普洱散茶。用普洱散茶压饼的称普洱熟茶。用晒青毛茶不经过发酵直接压饼的称普洱生茶。按压饼形状分七子饼茶（圆茶）、普洱沱茶等。加工普洱熟茶的关键工序是渥堆发酵，一般是将拣剔过的晒青毛茶堆成1～1.5米高的茶堆，泼上水（又称潮水，约是茶叶质量的25%～30%），盖上棉布，堆内温度可升至60℃左右。在湿热作用下，茶多酚等生化成分发生变化，如产生大量对人体有利的没食子酸等；二是保留和生成更多的微生物，优势菌群是黑曲霉和酵母菌，另有青霉、根霉、灰绿曲霉、白曲霉、黄青霉等。人工渥堆发酵一般需45～60天。为不使温度过高造成堆内茶叶炭化"烧心"，需不定期翻堆和补水。

二、黑茶加工工艺

以下举两例黑茶工艺，以供创制参照。

（一）安化黑毛茶加工工艺

1.杀青　用当地中小叶群体种。鲜叶较粗老，杀青前按10%左右的比例给鲜叶洒水。雨水叶、露水叶、一级叶不洒。用滚筒式杀青机杀青，杀青温度略高于大宗绿茶，杀青过程中不开或少开排风扇，以增加闷炒时间，使鲜叶杀匀杀透。

2.揉捻 用55型和40型揉捻机，初揉在杀青后趁热揉，揉捻后嫩叶卷成条，粗老叶大部分折皱，小部分成"泥鳅"状，茶汁流出，叶色黄绿。初揉要"轻压、短时、慢揉"，加压重，时间长，转速快，会使叶片成"丝瓜瓤"状，有的茎梗表皮剥落成"脱皮梗"。初揉揉捻机每分钟37转，轻压，时间15分钟左右。复揉前将茶坯解块，以中压为主，时间10分钟左右，茶坯含水率在65%。

3.渥堆 渥堆场所最宜用木质地板，要清洁、无异杂味和避免日光直射，室温在25℃以上，相对湿度在85%左右。渥堆前茶叶可浇少量清水，比例是茶叶质量的20%～30%。浇过水的茶堆成高约1米、宽70厘米的长方形堆，松紧度要适当，上盖湿布等物。正常情况下，开始渥堆叶温为30℃，经过24小时后，堆温可达43℃左右，此时茶堆表面出现凝结的水珠，叶色由暗绿变为黄褐，出现酒糟味，茶堆内部发热，如堆温超过45℃，要翻拌。待茶叶黏性减小，茶块易打散为适度。如果叶色黄绿，有青气味，黏性大，茶块不易打散，则需继续渥堆。如果有黏滑感，有酸馊气味，手搓揉叶肉叶脉分离成"丝瓜瓤"状，叶色乌暗，则渥堆过度（图9-19）。

图9-19 渥堆茶翻堆

4.干燥 黑毛茶传统干燥方法是用专制的"七星灶"，将茶叶放在焙帘上用松柴明火烘焙，所以茶叶带有松烟香味，俗称"松茶"。当焙帘温度达到70℃以上时，撒上厚2～3厘米的第一层茶坯，每隔5～6分钟翻拌一次，使茶坯均匀受热，烘至六七成干时，再撒第二层茶坯，依此，连续撒到五到七层，总厚度18～20厘米。当最后一层茶坯烘到七八成干时，即退火翻焙，把上下层茶坯互拌，使干燥均匀。全程3～4小时，烘至茎梗易断、手捏叶成末、含水率8%～10%即为适度。

现代用烘干机干燥，分两次烘，第一次毛火，进口温度在80～90℃，时间10～15分钟，烘至含水率18%～20%，摊凉1小时左右，足火温度70～80℃，时间15～20分钟，烘至含水率8%～10%。

（二）安化茯砖茶加工工艺

茯砖茶是再加工茶，用黑毛茶作原料，通过蒸汽蒸、渥堆发酵、熬制茶汁、蒸压定型、发花干燥而成。主要工序有：

1.**原料**　特制茯砖茶用三级黑毛茶，普通级用三、四级黑毛茶，并拼配其他茶。

2.**汽蒸**　借湿热作用，促进理化变化，消除青杂味，除去有害霉菌。放在专用蒸茶机内蒸，温度100℃左右，时间50秒，蒸气压力6千克/厘米²，蒸至茶叶潮湿变软，含水率达到17%左右。

3.**渥堆（堆积）**　将蒸过的茶叶堆成2～3米高的长方形茶堆，经3～4小时，叶温达到75～80℃左右，叶色变黄褐，粗老气消失，将茶堆扒开，叶温降至45～55℃，再将茶堆高度降低到1.5米左右。

4.**加茶汁**　每块茶砖茶坯（渥堆叶）加入事先用茶梗和茶籽壳熬制的茶汁200～300克，搅拌调匀，茶坯的含水率达到23%～26%。

5.**蒸茶**　用蒸汽蒸5～6秒，使茶坯变软有黏性。

6.**装匣压制**　在匣内放上木衬板和铝底板，涂少量茶油，将茶坯填入匣内扒平、四角匀整，趁热盖上刻有花纹和字的模板。

7.**压制定型**　分预压和压砖。预压是将茶匣放在预压机下先压缩茶坯体积，再用压力为80吨的压力机压制定型。压砖的关键是不能压得太紧，砖体较松，以利微生物生成。

8.**冷却退砖**　压制定型后放置冷却，砖温由80℃降至50℃左右，需时90～120分钟，退砖后用包装纸包装。

9.**发花干燥**　这是茯砖茶的特有工序。将茶砖按2厘米左右的间距排列在烘架上，放置在温度26～28℃、相对湿度75%～85%的烘房内12～15天，让其"发花"。发花期烘房温度不能太高，并且适当通风。发花期过后进入干燥期，烘房温度自30℃逐渐上升至45℃，每天升约2～3℃，相对湿度则逐渐降低到50%以下，待茶砖含水率达到14.5%左右时，结束烘干，冷却包装。发花干燥全程20～22天。

第十章

初制茶厂设计与茶机配套

鲜叶初制加工是茶叶生产的主要组成部分，如果茶园是茶叶生产的第一"车间"，则加工厂就是第二"车间"，为此需要有相应的厂房和机具设备。茶厂的科学规划、合理设计，机具的精确配套、规范使用，不仅会保证产品品质，而且还能做到省工省料保安全。

第一节 厂房的规划与设计

茶叶是直接饮用的饮料，属于食品加工范畴，所以加工厂的建设应遵循《食品生产通用卫生规范》（GB 14881）和《无公害食品 茶叶》（NY 5244）等标准，才能保证茶厂符合现代化、标准化生产的要求。

一、厂房面积规划与设计

（一）厂址选择

（1）位于原料主产区，便于鲜叶及时运送加工。茶厂覆盖范围在5千米以内。

（2）交通方便，靠近公路干道，便于生产资料、产品和生活物资的运输。

（3）地势开阔、高燥，周围无污染源。所处环境空气新鲜，达到国家《环境空气质量标准》（GB 3095）要求。水源清洁、充足，水质符合国家《生活饮用水卫生标准》（GB 5749）规定。

（二）厂房规模和规划

茶厂规模主要依据加工量。茶叶生产有很强的季节性，习惯上把产茶量最高的一段时间称为"洪峰期"。所以茶厂规模大小以"洪峰期"的平均日产量作为重要依据。一般红、绿茶产区"洪峰期"平均日产量为全年总产量的3%～5%，占春茶产量的8%～10%。大宗茶也可用春茶高峰期中的10天日平均产量，名优茶用高峰期3～5天日平均产量作为最高日产量。举例：一个年产10吨的绿茶初制厂，日产量按全年产量的4%计算，则日产量＝10吨×4%＝0.4吨，那么厂房规模和加工机具按日产0.4吨设计和配套。

初制茶厂的主厂房包括收青间（贮青间）、初制车间和库房等。名优茶初制车间面积是所有制茶机具占地面积的5～6倍，大宗茶车间面积相当于设备占地总面积的8～10倍，摊青间面积与初制车间面积相等。毛茶仓库大小根据日产量确定，一般以每立方米可贮放250～300千克来计算。

日产干茶1吨以下的小型茶厂，制茶车间在厂区内宜采用"一"字形平面布置，即只建一栋厂房，将各工序机具安排在一栋厂房内；日产干茶1吨或1.5吨以上的较大型茶厂，可采用"＝""工""Π"形，即建造多栋厂房，各栋厂房可单独建造，也可各栋之间用连廊相接。茶机按工艺流程分别安排在各栋厂房内。名优茶厂房跨度为6米，大宗茶厂房不小于9米。

二、制茶机具的配套

初制厂日产量确定后，再根据所产茶类选配机种、型号和数量。数量既要满足加工需要又要留有余地，以备保养和故障调换之需。一般以机械的台时产量（该台机器每小时加工在制品数）×16小时（每天作业时间）确定该台机器的日加工量，再用茶厂最高日产量除之，即得到该机器的配置数量。需要说明的是，茶机厂提供的机器加工能力，也即台时产量，一般是指该机器加工该工序时的在制品数量，如揉捻机的台时产量是指杀青叶或者萎凋叶的量，烘干机的初烘叶的台时产量是指揉捻叶量，它们都不是鲜叶量。同时还要注意，同一台机器的台时产量和日产量由于茶类和工艺的不同，产能也是不一样的，例如一台6CR–45型揉捻机，加工绿茶每桶投叶量是25千克杀青叶，加工红茶每桶投叶量是15千克萎凋叶。机种和型号选定后，一般可采用以下方法确定配备数量。

（一）根据机具日产量配备台数

台数=日最高生产量／1台机的日产量，比如，日最高生产量500千克，用日加工量1 000千克的滚筒杀青机、日加工量100千克的揉捻机和日加工量400千克的百叶式烘干机，则各机种的配备台数为：

滚筒杀青机台数=500千克／1 000千克=0.5～1台；

45型揉捻机台数=500千克／100千克=5台；

百叶式烘干机台数=500千克／400千克=1.25～1台。

（二）根据机具的台时产量配备台数

以干毛茶数量计算。

茶机台数=最高日产量／台时产量×日加工时间，举例：一个日产500千克的红茶初制厂需配备：

台时产量为12.5千克的萎凋槽数为：500千克／12.5千克×16小时=2.5～3条；

台时产量为6.25千克的45型揉捻机为：500千克／6.25千克×16小时=5台；

台时产量为20千克的百叶式烘干机为：500千克／20千克×16小时=1.25～1台。

（三）根据最高日产量确定机具台数和车间面积

求出最高日产量，如3天连续平均日最高产量2 000千克鲜叶，日加工时间为16小时（即16小时加工完2 000千克原料），则需要以下厂房面积和机械：

1.**摊青间**　如一次进厂大宗茶鲜叶1 000千克，摊叶厚度30厘米，每平方米可摊15千克，则需要67米^2，加上收青等工作场所，共需80米^2。名优茶摊叶厚度2～3厘米，每平方米可摊2～3千克，如300千克鲜叶，则摊青间面积需要100米^{2}左右。

2.**杀青**　如1台6CS-40型滚筒杀青机，台时产量40千克/小时，理论上每台日杀青量为16小时×40千克/小时=640千克，考虑到工作间隙，实际有效工作时间占80%左右，即12.8小时，则12.8小时×40千克/小时=512千克，如果日加工2 000千克鲜叶，则需要4台6CS-40型滚筒杀青机。6CS-40型滚筒杀青机长2.5米、宽0.87米，占地面积约2.2米^2，加上出叶等空间，共需要4米^2，4台杀青机则需要面积16～18米^2。

3.**揉捻**　如6CR-45型揉捻机，每桶投叶量25千克杀青叶，则台时产量是50千克左右，按实际工时9折算，则是14.4小时，日产量是720千克，加工2 000千克杀青叶需要3台揉捻机。揉捻机并列放置间距1.5米，3台约需面积10米^2。

4.**解块**　6CJ-30型解块分筛机，台时产量300千克揉捻叶，一般配置1台，占地约2米^2。

5.**干燥**　6CH-3型名茶烘干机，台时产量25千克解块叶，按日工作时间14.4小时，加工2 000千克解块叶需要6台。每台占地面积20～22米^2。

6.**脱毛（制扁形茶用）**　6CMG-72型茶叶滚筒辉锅机1台，占地面积约1米^2。

第二节 初制加工机具的选用

分别介绍绿茶、红茶和乌龙茶加工机具，供选用时参考。

一、绿茶加工机具

（一）摊青（摊放）机具

1.简易式　用软匾、篾垫、筐箩等，一般放置于摊青架上。

2.网框　帘架式网盘，网盘有5～8层，每个网盘面积为1.5米²，深度15厘米，每平方米摊鲜叶2～3千克。

3.贮青槽　多用于大宗茶鲜叶摊放。槽体由面板、鼓风机等组成。槽体长4～6米，宽0.9～1.0米，面板有2～3毫米的孔径，用作透风。鼓风机根据需要鼓风。

（二）杀青机

滚筒杀青机是最普遍使用的杀青机，效率高，如6CS-70型滚筒杀青机，台时产量可达300千克鲜叶。型号有6CS-60型、6CS-70型、6CS-80型等，鲜叶在筒内经历时间为3～5分钟。名优茶杀青机，6CSM-30型每小时杀青30千克，6CSM-40型每小时杀青85千克左右。

（三）揉捻机

以揉桶外径作为型号的标定依据，如6CR-55型揉捻机，即揉桶外径为55厘米。大宗茶加工常用的有6CR-45型、6CR-55型和6CR-65型等。6CR-55型每桶投杀青叶35千克左右，嫩叶揉捻成条率为80%～90%，粗老叶成条率在60%以上。名优茶揉捻一般用6CRM-20、6CRM-25、6CRM-30、6CRM-35等型号。

（四）烘干机

自动链板式烘干机是一种大中型的自动连续作业式烘干机，有6CHS-12、6CHS-16、6CHS-20、6CHS-25、6CHS-50等型号。例如6CHS-16型烘干机表示烘板摊叶面积为16米^2。烘干的热风温度在100～120℃，最高温度不超过130℃。名优茶烘干机用得较多的有6CH901型单斗式和6CH941型多斗式茶叶烘焙机（图10-1、图10-2）。

图10-1　单斗式烘干机　　　　　　图10-2　三斗式烘干机

（五）炒干机

1.锅式炒干机　单锅式炒干机由炒叶锅、炒叶腔、炒手、传动机构、机架和炉灶等组成。炒叶锅口径800毫米、深280毫米，每锅投叶量二青叶10千克，锅温100～110℃，炒制时间45分钟左右。

2.筒式炒干机　用于辉干作业。工作段两端大小一样的称圆筒式炒干机，两端一大一小的称瓶式炒干机，筒体工作段为八角形并一端大一端小的称之为八角式炒干机。

（1）圆筒式炒干机：投叶量大，受热均匀，抛翻性能好，如110型圆筒式炒干机，工作段长度和直径均为100厘米。

（2）瓶式炒干机：筒壁温度100℃左右，每筒投叶量40千克，炒制时间60～80分钟。

（3）八角式炒干机：紧条性能较好。筒壁温度100～110℃，投二青叶量为25千克左右，炒制时间约30分钟。

（六）名优绿茶加工机具

1. 扁形绿茶

（1）扁形茶。6CSM—40型或42型滚筒式名茶杀青机1台，或6CMD—450/8型多槽式扁茶炒制机4台，或6CCB—7801型长板式扁茶炒制机6台，用于青锅和辉锅，电炒锅4台，用于手工辅助辉锅、足干。

（2）龙井茶。用6CCB—9812D单锅扁形茶炒制机5～6台，或恒丰电热280E/900型多锅式连续扁形茶炒茶机1～2台，脱毛作业用6CMG—72型茶叶滚筒辉锅机1台（图10-3、图10-4、图10-5）。

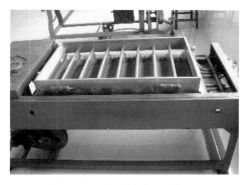

图10-3 槽式振动理条机　　　　　图10-4 单锅扁形茶炒制机

图10-5 用于脱毛的茶叶滚筒辉锅机正面（左）与侧面（右）

2. 毛峰形绿茶 用6CSM—30型或6CSM—40型滚筒杀青机1台，量多亦可6CS—60 1台，6CRM—25型或6CRM—35型揉捻机2台，6CJM—12型解块机1台，6CHM—3型自动烘干机1台，用于初干和足干，另配套电炒锅2台，用于手工提毫。这套机组每小时可加工毛峰形茶10千克左右。

3.卷曲形绿茶 用6CSM–30型或6CSM–40型滚筒杀青机1台，6CRM–30型揉捻机2台，双锅式6CJC–50型卷曲形名茶炒干机1～2台，6CH941多斗式烘焙机2台，如用6CH901单斗式台数要增加1倍。操作时，解块后的揉捻叶投入温度不超过100℃的斗式烘焙机初烘，再在锅温70℃左右的双锅卷曲型名茶炒干机进行炒干30分钟，最后到6CHM–901型烘干机进行搓团干燥。这套机组每小时可加工15～20千克（图10-6）。

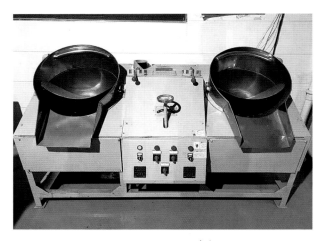

图 10-6 双锅曲毫机

如果年产干茶20吨，年生产期3个月，每天作业8小时，每小时加工120千克鲜叶，则需要配备：6CSM–40滚筒杀青机2台，6CRM–35型揉捻机3～4台，6CJS30型解块分筛机1台，6CHM–3型名茶自动烘干机3台，6CCH–63型电炒锅（提毫用）8台。

4.针形绿茶 杀青机械与其他名优绿茶相同。做形和干燥等用6CLZ–60多槽式振动理条机和6CHM–901型烘干机相结合。理条机有11槽和7槽，7槽槽宽较大，有利于水汽散发。当槽体温度达到80～100℃时，将含水率为35%～40%的在制品均匀投入槽内，每次总投叶量约1.2千克。经过4～5分钟，当茶条已基本紧直，香气显现，出锅摊凉后放入烘干机足干。

针形名优茶加工设备一般配置还可用：6CSM–40型滚筒式名茶杀青机1台，6CRM–35型名茶揉捻机2台，6CJM–12型名茶解块机1台，双锅式针形名优茶整形机2台（整形干燥），6CHM–3型名茶烘干机1台（足干）。

5.球形绿茶　加工设备一般配备：6CSM-40型滚筒式名茶杀青机1台，6CRM-35型名茶揉捻机2台，6CJS-12型名茶解块机1台，6CCQ-50型球形名茶烘干机2台（三青和辉锅），6CHM-3型名茶烘干机1台（初烘和足干）。

二、红茶加工机具

（一）萎凋设备

1.萎凋槽　是最常用的萎凋设备。萎凋槽一般槽宽1.5～2.0米，长10～20米，高0.8～1米，摊叶面积为15～40米^2。有加温装置和鼓风机。

2.网框　结构和功能与绿茶网框一样。用于室内自然萎凋时网盘高度20～30厘米。每平方米摊叶0.50～0.75千克。

（二）揉捻机

根据加工量选用表10-1中的型号。

表10-1　揉捻机型号及投叶量

揉捻机型号	6CR-90	6CR-65	6CR-55	6CR-45
萎凋叶投叶量（千克）	140～160	55～60	30～35	15～16

（三）发酵机具

常用的有发酵框和发酵柜等。

1.发酵框　发酵框一般长80厘米、宽60厘米、高10厘米，底部为竹编或不锈钢丝网等。揉捻叶在发酵框里的摊叶厚度为8～12厘米。发酵框置于发酵架上，发酵架约分8层，每层高度间隔25厘米左右。

2.发酵柜　有专用红茶发酵柜，如YX-6CFJ-5B红茶发酵柜，DXCFX红茶智能发酵室等（图10-7）。

（四）烘干机

同绿茶烘干机。

图10-7　红茶发酵柜

三、乌龙茶加工机具

（一）摇青（浪青）机

摇青机的滚筒一般是由竹篾编构成，如yf-6cyqt-90型无级调速摇青机，滚筒长度3米，滚筒内径90厘米（图10-8）。

（二）炒（杀）青机

乌龙茶的炒青，等同于绿茶的杀青，可选用绿茶加工各型号杀青机。

图10-8　摇青机

（三）揉捻机

可选用红茶各型号揉捻机。

（四）包揉机

1.初包机　将初烘叶用包揉巾包裹，置于茶包承载盘上。茶包在转、挤、搓、压下，被迅速包紧，形成南瓜状茶球。也有直接将茶叶放置初包机进行初揉的（图10-9、图10-10）。

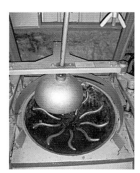

图10-9　布巾包揉　　　　　图10-10　乌龙茶初包机

2.球茶机（复包机）　将经过初包揉后的茶球，置于包揉机的上、下揉盘之间，茶球在上、下揉盘之间滚动，条索逐渐紧结成半球状。用莲花状包揉机，也可作复揉（包）用（图10-11）。

图 10-11　乌龙茶复包机

3.松包机　将茶球解散，便于烘焙。作业时，将茶球放入松包机滚筒内，滚筒旋转，茶球与滚筒内壁的解散杆碰撞，使球块解散。

（五）烘焙机具

干燥是乌龙茶加工的最后工序，常用烘（焙）笼和斗式烘干机。

1.烘笼　用竹篾制作的烘笼，以炭火作热源，初烘时茶叶直接摊于烘笼头上，足烘时烘笼上摊以白棉布或白纸，再铺放茶叶。

2.斗式烘焙机　根据需要选用单斗或多斗式烘焙机。

第十一章 茶叶审评及包装贮藏

茶叶在完成采摘加工进入市场后就成为商品，商品茶的管理就得从传统农副产品管理进入食品管理行列。审评是茶叶品质检验中最重要的部分，决定了茶叶品质的优劣和价值的高低。合理的包装和科学的贮藏，使茶叶的卫生质量得到保证，饮用周期得到延长。

第一节　茶叶感官审评

茶叶质量的评定，国内外主要还是依赖于感官审评。理化成分虽然与茶叶自然品质（原料）有较高的相关性，但成品茶品质是多种因子的综合表现，如加工、包装等对品质都会产生影响，也即自然品质好，不等于成品茶品质优。理化审评会出现片面性或不确定性，所以只能作为品质好坏的辅助判别，目前还替代不了感官审评。

茶叶作为一种饮料，既要注重外观上的商品性，又要侧重于饮用的口感性和安全性。六大茶类的产品质量要求并不完全一样，也没有统一的国家标准，但各个茶类都有其特定的标准，因此，作为进入流通领域的商品茶必须符合该茶类的质量要求，感官审评可以做到对照评样，有据可依。

感官审评主要是利用人的视觉、嗅觉、味觉、触觉等感官器官对茶叶的色、香、味、形进行鉴评，方法简易、直接，结果正确、可信。

一、感官审评的要求

（一）掌握茶的基本性状

优质茶应该：①芽叶嫩度好，显毫（龙井茶等除外）；②匀度好，大小长短一致；③润度好，有光泽，表明原料新鲜；④茶汤清澈明亮；⑤叶底嫩匀有光泽。绿茶干茶翠绿有光泽，红茶茶汤红艳有金圈一般是优质茶。滋味有明显苦味、涩味或有异味的品质不好。干茶的香味与开汤后的香味有一定的相关性。干茶具有亮艳色泽或具有明显触鼻气味的茶，可能是加了染色剂或香精的茶。

（二）正确掌握和使用评语

不可用言过其实或含糊的形容词或商业广告语用作评语，如"形美色翠""回味绵长""生津止渴""霸气强""山野气"等用语。

（三）用优质水冲泡

精茗蕴香，借水而发。"水为茶之母"，《梅花草堂笔谈》云："茶性必发于水：八分之茶遇十分之水亦十分矣；十分之茶遇八分之水亦八分耶。"说明水对茶口感的重要性，一般用微酸性的纯净水。泡茶水 pH＞7，使茶汤暗褐，香气变差，有熟闷味，降低鲜爽度；pH＜4.5，香气变得淡薄。冲泡水温低、冲泡时间长、冲泡次数多，都会使茶汤 pH 提高（表 11–1）。

表 11-1　水质对茶汤品质的影响

水质	汤色滋味
pH＞7	汤色变深
硬水	汤色深，滋味淡
软水	汤色亮，滋味浓
铁（Fe）过高	汤色变黑褐色
铅（Pb）＞0.2 毫克 / 升	茶味变苦
镁（Mg）＞2 毫克 / 升	茶味变淡
钙（Ca）＞2 毫克 / 升	茶味变苦涩
钙（Ca）＞4 毫克 / 升	茶味变苦

（四）水温

名优绿茶和细嫩的单芽茶冲泡水温以 85℃为宜。温度高，芽叶易烫熟，茶汤变黄，维生素 C 遭到破坏，且茶叶中多种物质一起浸出，影响滋味，缺乏清鲜感；大宗绿茶以及红茶、乌龙茶、黑茶宜用沸水冲泡，以便较多的水浸出物进入茶汤。

（五）控制冲泡时间

见表 11–2。

表 11-2　各茶类适宜冲泡时间

茶类	冲泡时间（分）
绿茶	4
红茶	5

（续）

茶类	冲泡时间（分）
乌龙茶（条形、卷曲形）	5
乌龙茶（颗粒形、圆结形）	6
白茶	5
黄茶	5

（六）对评茶员的基本要求

（1）应该掌握一定的茶叶专业知识，如茶树品种的适制性、产地的海拔高度、肥培管理水平、茶叶化学成分含量、制茶工艺等与品质的关系。最好能了解某一茶类每道工序对品质的影响，及常见弊病产生的原因。

（2）要公平、公正，无偏袒。

（3）身体健康，嗅觉、味觉、视觉正常，无口臭。评茶时不搽香水、不用化妆品、不喝酒、不吸烟、不吃大蒜等辛辣食物。

二、感官审评程序

扦样→外形→开汤→汤色→香气→滋味→叶底。

1.扦样　从供评样茶上、中、下部各扦取一把，拌匀后，根据对角取样法取500克样，再从500克样中随机取200克放入审评盘中作为审评样。

2.看外形　①嫩度；②条索紧结度（重实度）；③显毫情况（龙井等扁形茶除外）；④色泽；⑤光泽度（润度）。

3.看汤色　①色泽；②明亮度（是否清澈）；③有没有沉淀物或显浑浊。

4.闻香气　①香型（嫩香、清香、栗香、花果香、甜香）；②高低情况；③是否持久；④有否高火气、粗老气或异杂气。

5.尝滋味　①鲜爽度；②醇厚度（浓度）和耐泡度；③有否高火味、苦涩味或异杂味。

6.看叶底　①嫩度；②匀度；③色泽；④明亮度。

填写审评表

见表11-3。

表 11-3　茶叶感官审评通用表

名称	外形		汤色		香气		滋味		叶底		备注
	评语	分	评语	分	评语	分	评语	分	评语	分	

审评人：　　　　　　　日期：年 月 日

三、评茶术语

（一）通用评茶术语

根据GB/T 14487—2017茶叶感官审评术语标准，通用于各种茶类的审评术语列入表11-4。

表 11-4　茶叶感官审评通用术语（不包括精制茶）

项目	术语	释义
外形	显毫	多芽尖，含有较多白毫
	锋苗	芽叶细嫩，条紧有芽锋
	重实	条索或颗粒紧结有重感
	挺直（平直）	条索平整成直条状
	紧直	条索卷紧完整挺直
	紧结	条索卷紧而重实
	卷曲	条索呈螺旋状或环状卷起
	紧实	紧结重实，嫩度稍差，少芽锋
	肥壮	芽肥硕，叶肉厚实柔嫩
	壮实	芽壮，茎粗，条索肥壮重实
	粗壮（粗实）	条索粗而壮实
	粗松（空松）	嫩度差，形粗大而松散
	松条	条索卷紧度差
	扁瘪（瘦瘪）	叶质瘦薄，扁而干瘪
	圆浑	条索圆而不紧结，不扁不弯曲
	圆直	条索圆浑挺直
	扁条	条扁，欠圆浑，多半制工差
	匀净	匀齐无梗朴及其他夹杂物
	短钝（短秃）	条索短而无锋苗

（续）

项目	术语	释义
外形	短碎	条短不齐
	松碎	条索松而短碎
	轻飘	手感粗松轻飘，一般指低级茶
	露梗	茶梗（茎）显露，原料较粗老
	露筋	茶叶筋脉显露
	油润（光润）	色泽鲜活润泽
	花杂	色泽不一致，杂乱，净度差
	爆点	高温造成的烫斑（多半在叶缘部位 2 毫米大的斑点）
	枯暗	色泽枯燥无光泽
汤色	清澈	清净，透明，光亮，无沉淀物
	鲜亮	鲜艳明亮
	鲜明	新鲜明亮，略有光泽
	深亮	色深而透明
	明亮（明净）	亮丽透明
	浅薄	清淡，茶汤中溶入物较少
	沉淀物	沉淀于容器底部的渣末等杂物
	浑浊（碧螺春不适用）	多悬浮物，茶汤透明度差
	暗	不明亮
香气	高香（高锐）	香高而持久，刺激性强
	纯正	香气纯净，不高不低，无异杂气
	纯和	程度上稍次于纯正
	平和（平正、平淡）	香气较低，无异杂气
	钝浊	有一定浓度，滞钝不爽
	闷气	熟闷气，沉闷不爽
	粗气	香气低，有粗老叶气
	青气	青叶的青草气（多半加工不到位造成）
	高火	干燥过程中温度高产生的火香
	老火	轻微的焦气
	焦气	烟焦气
	陈气	贮藏过久或不当产生的陈腐气味
	异气	烟、焦、酸、馊、霉等以及污染物所造成的异杂气

（续）

项目	术语	释义
滋味	浓强	茶汤刺激性和收敛性均强烈
	浓厚	浓而不涩，浓醇爽口，回味清甘
	醇厚	味浓，有黏稠感，回味略甘甜
	醇和	味欠浓，鲜味不够，少刺激性
	纯正（纯和）	味淡而正常，欠鲜爽
	回甘	回味有甘甜感
	淡薄（平淡、清淡）	清淡寡味，无刺激性
	粗淡	味粗淡薄，多为低级茶味
	苦涩	虽浓不鲜，苦而带涩，有舌厚阻滞感
	熟味	似熟汤味，不爽悦
	水味	清淡不纯，有"水味"，干燥不足或受潮所致
	高火味	干燥过程中温度高产生的火香味
	老火味	轻微的焦味
	焦味	烟焦气味
	异味	烟、焦、酸、馊、霉等以及污染物所造成的异杂味
叶底	细嫩	芽多，芽叶细小嫩软
	鲜嫩	芽叶细嫩鲜艳明亮
	嫩匀	芽叶细嫩柔软，匀齐一致
	柔嫩	嫩而柔软
	柔软	叶质柔软，嫩度稍差
	匀齐	芽叶嫩度、大小、色泽等均匀一致
	肥厚	芽叶肥壮，叶质厚实柔软
	瘦薄	芽叶瘦薄，肉质感差
	粗老	叶质粗硬，茎脉突显
	单张	不带茎梗的单张叶片
	破碎	芽叶多断碎或破碎
	卷缩	冲泡后芽叶不开展
	鲜亮	色泽鲜艳明亮，嫩度好
	明亮	色泽鲜亮，嫩度稍差
	暗	不明亮
	暗杂	芽叶老嫩不一，色暗而花杂
	花杂	色泽不一致
	焦斑	叶张有局部黑色或黄色烤（烧）焦斑点或斑痕
	焦条	烤（烧）焦的叶片或嫩茎

（二）各茶类评语参考

1.绿茶　见表11-5和表11-6。

表 11-5 绿茶常用评语

项目		高	中	低	劣
外形	毛峰形	显毫：芽尖含量多，富有白毛 锋苗：细嫩，有尖锋 紧秀：条索细紧秀长，锋苗显露 细嫩：条索细紧显毫 细紧：条索紧结细长有锋苗	紧实：紧结重实，嫩度稍差，少锋苗 壮实：芽叶壮实，条索肥壮重实	粗松：条索紧索度差、空松、原料较老 松泡：形大质松，卷索度差、原料粗 多朴：外形松大轻飘，色枯黄，多半是粗老单叶 短碎：条索短、碎末多、不匀整 爆点：茶叶在烘炒过程中、高温所形成的烫斑	露梗露筋：茶梗和丝筋显露 扁瘪（瘦瘪）：叶质瘦薄、扁而干瘪
	扁形	扁削（扁平）：扁平光滑、形似矛子（明前西湖龙井长 2~2.8 厘米、宽 5 毫米） 挺秀：尖削挺直、显锋苗 光滑：茶条平整、质地重实、光滑有亮度	扁平、尚尖削：程度上较扁削（扁平）差	欠扁平带宽条索或条索不平直：一般是原料较粗老或炒制工艺所致	
	螺形	卷曲：条索呈螺旋状或环状	弯曲：条索大卷，呈弓形或钩形		
	干茶色泽	翠绿：色似翡翠，富有光泽 嫩绿：浅绿嫩黄，富有光泽 绿润：色绿而鲜活，富有光泽 嫩黄：色浅黄，富有光泽	深绿：似墨绿色，有光泽 黄绿：绿中带黄，光泽较差 浅黄：色黄泛淡 起霜：茶表面呈灰白色、有光泽（多出现在长时间滚炒）	青绿：绿中带青，无光泽 暗绿：色深绿绿暗	橙黄：黄中泛微红 花杂：色泽不一致、不协调
汤色		清澈：清净亮丽 明亮：清净透明 嫩绿：浅绿微黄明亮 黄亮：黄而明亮	黄绿：绿中带黄，较明亮 浅黄：色黄而浅、较明亮	深黄：色黄而深，不明亮、有沉淀物	黄褐：黄中泛褐、色暗浑浊

（续）

项目	评语			
	高	中	低	劣
香气	毫香：嫩芽的清腻 嫩香：香清细嫩 清香：香清纯幽雅 栗香：香栗子香，持久 花香：香气鲜锐，似鲜花香 清香：清香高爽持久 幽香：清香幽雅，缓缓持久 鲜爽：新鲜爽悦 鲜灵：香气袭显，且高锐（多用于花茶）	浓：香气饱满，但不够鲜爽 纯正：香气正常，香不突出 平和：香气平和，但无粗杂 香浮：香气一嗅即逝（飘） 高火：温度高或过度炒（烘）干所产生的火香味 日晒气：茶叶经日晒后所产生的类似于笋干的气味	青气：带有鲜叶的青草气 老火：过度高火所产生的气味 平淡：多半炒（烘）气味淡薄，较难嗅辨	焦气：烟焦气，多半杀青或炒（烘）干时造成 异气：与茶叶无关的气味在包装或贮藏过程中产生 酸馊气：茶叶腐败变质及时烘及时、多半揉捻不及时晒干（炒）干、晒干造成
滋味	鲜爽：鲜洁爽口 鲜醇：滋味鲜爽，刺激性不强 鲜浓：浓味醇和鲜爽 醇厚：味浓而不涩，纯而不浓，浓味清甘 回甘：回味有甜感	浓醇：味浓，回味爽略甘 醇厚：鲜爽，回味略甘 醇和：味醇和鲜爽 平和：味正常，缺乏鲜爽感	生涩：涩带生青味 熟闷味：老火味，过度高火所产生的滋味	焦味：烟焦味 异味：与茶叶无关的气味 酸馊：茶叶腐败变质的气味 陈味：茶叶贮藏过久造成的陈味
叶底	嫩匀：芽叶细嫩匀齐，色泽一致 肥厚：芽叶肥壮，叶质厚实 鲜亮：色泽鲜艳明亮，嫩度好 明亮：色泽鲜艳悦明亮 翠绿：色泽鲜绿微黄，明亮 嫩黄：色浅绿透黄，黄中泛白，亮度好	黄中带黄，亮度尚好 绿：绿色，亮度尚好	单张：无茎梗的单叶 青暗：青褐目暗 乌条：叶片黑褐青暗，不开展 花青：叶片有青色或青色夹块 青绿：墨绿色 青褐：褐中泛青 靛青：叶片呈蓝绿色，多为紫芽 黄暗：叶色枯黄而晦暗，叶质老 暗杂：色枯而花茶，叶老青不一或色泽夹杂物 花茶：色泽不一致	红梗红筋：梗茎泛红色，杀青温度低造成 焦点：叶片有黑色或黄色焦煳的斑点 焦叶：焦煳发黑的叶

表11-6 扁形、毛峰形、松针形、卷曲形、牙形等绿茶各档茶评语参考

类别	外形	汤色	香气	滋味	叶底
高档	匀齐；紧（挺）秀；显（无）毫；翠绿、嫩绿润	嫩绿、黄绿；明亮	高香、嫩香；清香、持久	鲜爽、鲜浓、浓鲜、醇爽	细嫩、柔嫩、嫩匀、嫩绿、肥嫩；翠绿、嫩绿、黄绿；鲜亮、明亮
中档	显毫；黄绿；粗壮或尚壮实、深绿、暗绿	浅黄、深黄；绿黄；尚明亮	浓、纯正	浓醇、醇正、醇和、平和	绿黄、深绿、较暗绿；开张、欠匀；尚明亮
低档	断碎（松泡），多朴、露筋；枯黄、青褐、黄褐；梗	橙黄、黄暗、青暗	平和、青气、老火	平和、浓涩、生涩、浓涩；老火味、日晒味	暗绿、青暗；青绿、花杂；单张、断碎
劣质	花杂；有焦芽叶或有严重爆点	浑浊、多沉淀物	焦气、陈气、异气、酸馊气	焦味、陈味、异味、酸馊味	乌条；带红硬叶

2. 红茶 见表11-7和表11-8。

表11-7 红茶常用评语

项目		评语			
		高	中	低	劣
外形		显毫：芽尖和毫毛均多，常用"（金）橙毫满披"描述 金毫：金黄色毫尖，多见于大叶种红茶 细嫩：芽叶细小柔嫩，多见于高档工夫红茶 细嫩：茶索细紧完整、富光泽、有锋毫	紧结：嫩度低于细嫩、茶索结实 壮实：芽壮茎粗、茶索肥壮重实 粗壮：茶索粗而壮实，略显毫	粗松：原料嫩度差、茶索空松 松泡：形大质轻，紧度差、原料粗老 多朴：叶粗老、外形松大轻飘、多半是单叶 短碎：茶索短、碎茶多、不匀齐	露梗露筋：茶梗和丝筋显露 筋皮：揉破的嫩茎硬皮
	干茶色泽	乌润：色黑油润，富光泽 乌黑：色乌黑鲜活，稍有光泽	黑褐：色黑而褐，有光泽 红褐：红中带褐，少光泽 棕褐：棕中带褐 猪肝色：红而带暗，似猪肝色	棕红：棕色带红，多半发酵不足造成 枯红：色乌而枯，无光泽，叶质粗老或发酵不足造成	枯红：色红而枯，无光泽 花杂：色泽不一致、不协调

（续）

项目	评语			
	高	中	低	劣
汤色	红艳：红亮鲜艳，金圈厚，多见于大叶种红茶 红亮：红而明亮，有金圈（红亮富金圈） 红明：红而透明，略有光泽 冷后浑：茶汤冷却后出现的乳状浑浊现象，又称"乳凝"	金黄：金黄色、发酵轻 深红：红而深、无光泽	浅红：红而浅 红褐：红显暗 橙黄：红中带黄、黄色	暗红：红而深暗 黄褐：褐中泛黄 棕褐：棕中泛棕 浅薄：汤浅淡浓度低 浑浊：不透明，有沉淀物
香气	浓郁：浓烈高锐持久 浓爽：香气高长、带花香（玫瑰香）或涨甜香 鲜爽：鲜爽浓甜 甜浓：香气高、具有甜味感 甜爽：鲜爽浓而甜醇 花果香：鲜爽愉悦，似某种花果香气 祁门香：醇糖香或玫瑰香（中小叶种红茶）	浓：香气浓，但不够鲜爽 甜纯：香气不高有甜味 纯正：正常，无奇出优 缺点 焦糖香：足火茶特有的糖香 高火：烘干过程中，由于温度高或烘干时间长、过度烘干所产生的气味（火香）	平淡：气味浓薄 老火：高火味所产生的气味 钝熟：熟闷气 青气：发酵不足的生青叶气	焦气、糊焦气 异气：与茶叶无关的气味 酸馊气：茶叶腐败变质的气味 陈气：茶半发酵及陈贮藏过久造成的陈味
滋味	浓强：味浓，具有鲜爽感和收敛性（口腔） 浓爽：味浓鲜爽 鲜爽：鲜洁爽口 鲜醇：鲜爽浓厚甘醇，有刺激性 醇爽：味浓和鲜爽 浓厚：浓而醇不涩，纯而鲜爽 鲜甜：鲜带甜味 甜爽（醇）：醇爽带有甜味	浓醇：味浓，回味略甜，刺激性不强 醇厚：厚实纯正 醇和：味欠浓 平和：味正常，有浓度，缺乏鲜味	生涩（味）：涩而生青味 见于萎凋，多见于夏秋茶 浓涩：浓而涩口 发酵不足的夏秋茶 熟闷味：多见于受潮味 老火味：高火所产生的滋味	焦味：糊焦味，多半烘干时的造成 异味：与茶叶无关的气味 酸馊味：茶叶腐败变质的气味 陈味：茶叶贮藏过久产生的陈味
叶底	嫩匀：叶质细嫩匀齐、色泽一致 柔软：细嫩绵软 肥壮：芽叶肥壮、叶质厚实 红亮：红而鲜艳明亮 红匀：色红深浅一致	红：红欠匀亮	单张：无茎硬的单叶 短碎：条索短、碎叶多 暗杂：叶老嫩不一或有夹杂物 红暗：红而无光 花杂：色泽不一致 匀杂：叶片黑褐或青暗、不开展	焦斑：叶片有黑色或黄色焦糊的斑点 焦叶：焦糊发黑的叶片 红张：叶片有青色或青色延片 青青：红中夹青 青张：发酵不足或发酵不匀所产生的青绿色叶片

表11-8　祁门红茶、小种红茶、滇红茶、英德红茶等各档茶评语参考

类别	外形	汤色	香气	滋味	叶底
高档	匀齐；细紧或紧秀；显金（橙）毫、金毫满披；乌润	红艳，艳亮；有金圈	浓（鲜）郁高长；有甜香；蜜香、玫瑰香；松烟香（小种红茶）	浓强鲜爽，刺激性强；甜浓（祁红）	红匀嫩亮
中档	粗壮或壮实；略显毫；红褐、棕褐	红明，深红	浓，纯正、高火	浓厚、醇厚、醇和	红，欠匀亮；叶张单薄或较粗棕褐
低档	断碎，粗松（松泡）；露筋硬；枯红、棕红	浅红，红褐	平淡、老火	平和，浓薄，浓（生）涩，老火味	花杂，有乌条或有花青，嫩青叶
劣质	花杂；有青张	暗红，浑浊，多沉淀物	焦气，陈气，异气，酸馊气	焦味，陈味，异味，酸馊味	单张，断碎

3. 乌龙茶　见表11-9和表11-10。

表11-9　乌龙茶常用评语

项目		评语		
	高	中	低	劣
外形	蜻蜓头：叶片肥壮、茶条紧结重实、叶端卷曲如蜻蜓头状 螺钉形：条索结实、卷曲如螺钉状 浑圆：茶索圆、条索紧实、匀整重实 砂绿：似蛙皮绿有光泽（叶底多半是绿叶红镶边） 青褐：青褐带灰光（又称宝光） 鳝皮色：砂绿蜜黄似鳝鱼皮色 乌润：黑有光泽 绿润：色绿而鲜活、富有光泽（一般用于清香型乌龙茶）	壮结：条索壮实紧结 扭曲：茶索端部皱折重叠 青绿：绿中带青，光泽较差 绿褐：绿中带褐，光泽较差	乌燥（褐燥）：干枯无光泽 粗松：条索空松、紧度差、原料较老 松泡：形大质轻、卷紧度差、原料老 多朴：叶粗老、外形松大轻飘，多半是单叶 短碎：茶索短、碎末多、不匀整 枯暗：色枯无光、原料粗老	焦叶：焦糊发黑的叶片

（续）

项目	评语			
	高	中	低	劣
汤色	金黄：汤清澈，以黄为主，略带橙色 橙黄：黄稍带红，似橙色或橘黄色 清黄：黄而清澈	深黄：黄而深，不够明亮 绿黄：绿泛黄，不够明亮	黄暗：黄不明亮 青暗：泛青色，不明亮 红汤：浅红或暗红色，常见于陈茶或重烘焙茶	暗褐：灰暗无光 浑浊：不透明，有沉淀物
香气	馥郁：鲜浓持久高雅，具有花果香（馥郁悠长） 浓郁：浓而持久，具有花果香（花蜜香高） 浓烈：香气高长	浓：香气浓，但不够鲜爽 清高：香纯清长不浓郁 清香：清纯高雅，香气尚高 甜香：香尚高具有甜感 纯正：正常，但花蜜香不突出	闷火（郁火）：不悦的火功气味 平淡：气味淡薄，较难嗅辨 青气：鲜叶的青草气，多般做青不足 粗老气：粗老叶气	焦气：烟焦气 异气：与茶叶无关的气味 酸馊气：茶叶腐败变质的气味 陈气：茶叶贮藏过久造成的陈气味
滋味	浓郁：味浓，有收敛性，回味甘爽（浓郁甜长） 醇厚：鲜爽，回味甘，有刺激性（醇厚回甘） 浓厚：味浓而不涩，浓醇适口，回味清甘（浓厚回甘） 鲜醇：清鲜醇爽回甘 岩韵：指武夷岩茶的品种和香味 音韵：指铁观音茶的品种香味	醇正：味鲜，回味略甘，纯 醇爽：鲜爽，回味甘，有刺激性，激性不强 醇厚：味浓而浓，浓醇适口 醇和：味欠浓，缺乏鲜味，无粗杂味	青（生）涩：涩带生青味 平淡：平淡稀薄，但无粗杂味 粗浓：味粗涩，有涩苦感 粗老味：粗老叶味	焦味：烟焦味，多半做青时造成 异味：与茶叶无关杂味 陈味：贮藏过久造成的陈味
叶底	绿叶红镶边：叶缘朱红色，叶主脉泛黄嫩绿色或青色透明 柔亮：叶质柔嫩有光泽	青张：无红边的青叶	暗张：夹杂暗红色叶片	焦斑：叶片有黑色焦糊的斑点 焦叶：焦糊发黑的叶片

表 11-10　武夷岩茶、大红袍、铁观音、黄金桂、凤凰单丛、冻顶乌龙等各档茶评语参考

类别	外形	汤色	香气	滋味
高档	浑圆重实或呈蜻头状，匀整；沙绿（叶缘末沙红）、绿润；润亮	橙黄、金黄；明亮	馥郁悠长、花蜜香高	醇厚回甘、醇厚甘爽，浓郁甘甜、浓郁甜长
中档	匀净；较壮实；青绿、绿褐	深黄、绿黄；尚明亮	纯正、花蜜香不明显	醇正、醇和尚甘
低档	断碎、粗松；松泡；枯暗	黄暗、青暗	平淡、青气；粗老气	平和、淡薄；生涩、异味
劣质	有焦叶或有夹杂物	浑浊、不透明、多沉淀物	焦气、陈气、异气、酸馊气	焦味、陈味、酸馊味

4.黑茶　见表11-11和表11-12。

表 11-11　黑茶常用评语

项目	评语
干茶色泽	乌黑：乌黑油润 猪肝色：红中带褐 黑褐：褐中泛黑 青褐：褐中带青 棕褐：褐中带棕 黄褐：褐中显黄 红褐：褐中显红 青黄：黄中带青 铁黑：铁黑色 橙黄：黄泛橙
汤色	橙红：红泛橙 深红：红色深，无光泽 暗红：红而发暗 棕红：红显棕色，欠红 棕黄：黄中带棕 棕褐：褐带棕色 黄明：黄而明亮 黑褐：褐泛暗黑 红褐：褐中泛红
香气	陈香：陈气味（无霉气） 松烟香：松烟气味 菌花香：一般指茯砖茶金花的特殊香气 烟气：烟尘气 霉气：霉烂气
滋味	醇和：醇而不苦不涩 醇厚：厚实纯正 醇浓：较高浓度，有刺激性 陈醇：陈香味明显，醇和可口 槟榔味：一般指六堡茶特有滋味
叶底	薄硬：叶质薄而硬 硬杂：叶质粗老、多梗，色泽花杂 青褐：褐中泛青 黄褐：褐中泛黄 黄黑：黑中泛黄 红褐：褐中泛红 泥烂：嫩叶烂如泥状，渥堆过度所致 丝瓜瓢：老叶烂剩筋脉，渥堆过度所致

表11-12　黑茶（散茶）各档茶评语参考

类别	外形	汤色	香气	滋味	叶底
高档	条索紧细（结）；褐润显毫；匀净；显金花（茯砖茶）	橙黄明亮	陈香浓（馥）郁；显松烟香（湖南黑毛茶和广西六堡茶特征）	醇浓或醇厚	黄褐较嫩，匀齐；有光泽
中档	条索紧结；褐润尚显毫；匀净带嫩梗	橙黄尚亮	陈香醇和	醇厚	黄褐尚（欠）嫩
低档	条索粗松（松泡）；黑褐花杂；欠匀，带粗老叶梗	橙黄稍暗	陈香平和	醇和略涩	暗褐粗松，叶梗硬；无光泽
劣质	有霉烂叶、夹杂物	橙红暗，多沉淀物	酸馊气、异气	酸馊味、苦涩味、杂味	暗褐；叶张烂如泥状

5.黄茶　见表11-13。

表11-13　黄茶常用评语

项目	黄小茶	黄大茶
干茶色泽	金黄光亮：芽叶金黄油润 嫩黄：叶质柔嫩；浅黄富光泽 褐黄：黄中带褐，光泽稍差 黄褐：褐中带黄 黄青：青褐色中带黄	外形梗大叶大，叶片成条状，梗条相连成鱼钩状，金黄显褐，色泽油润
汤色	杏黄：浅黄略带绿，清澈明净 黄亮：黄而明亮 浅黄：黄较浅亮 深黄：黄较深，不暗 橙黄：黄中泛微红似橘黄色	深黄显褐
香气	清鲜：清香鲜爽持久 嫩香：清爽有毫香 清高：清香高久 清纯：清香纯和 焦糖香：似炒糖的香气 松烟香：带有松木烟香	焦香爽口
滋味	鲜醇：鲜洁爽口甜醇 醇爽：醇而可口，回味略甘 甜爽：爽口有甜味感	浓厚醇和
叶底	肥嫩：芽叶肥壮厚实 嫩黄：黄泛白，叶质柔嫩，亮度好 黄绿：绿中泛黄 褐黄：黄中显褐	黄叶（中）显褐

6.白茶 见表11-14。

表 11-14 白茶常用评语术语

项目	芽茶	芽叶茶
干茶色泽	毫心肥壮：芽肥嫩壮硕，多茸毛 茸毛洁白：茸毛多，洁白富光泽 舒展：芽柔嫩，平伏伸展 银芽：全芽银白色茸毛密披 灰绿：绿中带灰（正常色泽），多毫毛	芽叶连枝：芽叶相连成朵 叶缘垂卷：叶缘向叶背翻卷 皱折：叶张不平整，有皱痕 破张：叶张破碎 腊片：有腊质的老片 白底绿面：芽为银白色、叶为灰绿色 墨绿：深绿泛褐，多毛，少光泽 暗绿：叶色深绿无光泽 黄绿：呈草绿色（非白茶正常色泽） 铁板色：深红而暗无光泽
汤色	杏黄：浅黄清澈明亮 浅橙黄：黄色较浅 黄亮：黄而清澈明亮 浅黄：黄较浅亮	橙黄：黄中泛微红，似橘黄色 深黄：黄较深，不暗 暗黄：黄较深暗 微红：泛红色
香气	毫香：嫩芽白毫显露的香气 清香：清高鲜爽 清高：清香高久 清纯：清香纯和 花香：鲜花香气	鲜纯：新鲜纯和有毫香 发酵气：萎凋过度形成的发酵气 青气：萎凋不够或焙干温度不够所挥发的青草气 焦糖香：似炒糖的香气 松烟香：带有松木烟香 炭香：炭火烘焙所产生的气味
滋味	清甜：清鲜爽口有甜感 醇爽：醇而鲜爽	醇厚：味醇正甘厚 青味：显青草味 涩味：青涩（萎凋不够）
叶底	肥嫩：芽叶肥壮厚实柔嫩 黄绿：绿中泛黄	棕绿：绿中泛棕色 红张：叶张有红变（多为萎凋过度） 暗张：色暗黑（多为雨天制茶所形成的死青） 暗杂：叶色暗而花杂

四、主要品牌茶感官特征例举

（一）绿茶类

1.龙井茶（扁形茶代表，高档龙井如雀舌、明前龙井）
原料：雀舌以单芽为主，明前龙井为一芽一叶或一芽二叶初展，芽长于叶。
外形：光扁平直，挺秀尖削，匀称整齐，色泽翠绿或嫩黄。
汤色：浅绿明亮。

香气：鲜嫩清幽，幽中孕兰。

滋味：甘醇鲜爽。

叶底：嫩绿鲜亮成朵。

常出现的主要弊病：原料嫩度不一，带蒂头；外形不够光滑平直，茸毛显露，色泽深绿、花杂或起霜；汤色欠明亮；香气平和或带青气，不持久；滋味平和或有生青味；叶底欠匀，有青张。

机制龙井茶出现的主要缺点是，香气滋味不够鲜爽，似高档炒青茶味。

2.碧螺春（卷曲茶形代表）

原料：一芽一叶初展，芽长 1.6 ～ 2.0 厘米。

外形：条索纤细，卷曲呈螺，满披茸毫，银白隐翠。

汤色：黄绿。

香气：嫩香。

滋味：鲜醇。

叶底：芽大叶小，嫩绿明亮。

常出现的主要弊病：条索不紧结，不够卷曲成螺，色泽绿暗或偏黄；香气平淡，带有烟焦味（市场常见用大中叶种做的碧螺春多此情况）。

3.黄山毛峰（毛峰、毛尖茶代表）

原料：特级茶一芽一叶初展，一级茶一芽一叶和一芽二叶初展。

外形：形如雀舌，绿润显毫。

汤色：黄绿清澈明亮。

香气：清香高长。

滋味：鲜浓醇厚。

叶底：嫩黄成朵。

常出现的主要弊病：条索不紧结壮实，色泽绿暗或偏黄，带有烟焦气味。

4.雪水云绿（芽形茶代表）

原料：特级茶单芽或一芽一叶初展。

外形：条索挺直扁圆，形似莲芯，银绿隐翠。

汤色：清澈明亮。

香气：清香。

滋味：鲜醇。

叶底：嫩匀绿亮。

常出现的主要弊病：色泽青绿，带有生青气，滋味淡薄。

5.雨花茶（松针形茶代表）

原料：特级茶一芽一叶初展，芽长不超过3厘米。

外形：形似松针，条索紧直、浑圆，两端尖削，茸毫隐露，色泽墨绿。

汤色：绿而清澈。

香气：清香浓郁。

滋味：鲜醇。

叶底：嫩匀明亮。

常出现的主要弊病：色泽乌暗，带有烟气，滋味不鲜爽。

（二）红茶类

1.祁门红茶（中小叶种红茶）

原料：高档茶以一芽一二叶为主，中档茶一芽三叶和同等嫩度的对夹叶。

外形：条索紧细，有锋苗，色泽乌润。

汤色：红亮。

香气：浓郁高长（有果糖香——"祁门香"）。

滋味：甘醇鲜爽。

叶底：嫩软红亮。

常出现的主要弊病：色泽乌褐或枯红，无光泽，带有烟焦气，味淡不鲜爽。

2.滇红工夫（大叶种红茶）

原料：云南大叶茶一芽一二叶为主。

外形：条索肥壮紧结，色泽乌润，金毫满披。

汤色：红艳明亮，金圈厚。

香气：浓郁持久。

滋味：浓厚，刺激性强。

叶底：红亮柔软。

常出现的主要弊病：发酵不匀，色泽棕红或枯红，无光泽，不匀净，带有异味或味浓涩（苦）不爽。

（三）乌龙茶类

1.大红袍（武夷茶区）

原料："中开面"采对夹三四叶。

外形：条索壮实，色泽绿褐鲜润。

汤色：金黄清澈。

香气：馥郁，略带兰花香。

滋味：醇厚回甘。

叶底：软亮，叶缘有朱红斑点。

常出现的主要弊病：发酵过度，汤色偏红，香气低沉，味不正。

2.铁观音（闽南茶区）

原料："小至中开面"采对夹二三叶。

外形：肥壮圆结，重实匀整，砂绿鲜润，红点鲜艳。

汤色：金黄明亮。

香气：馥郁悠长，带兰花香。

滋味：醇厚甘鲜。

叶底：软亮，红边肥厚。

常出现的主要弊病：做青不足，香味不正。

3.凤凰单丛（广东潮汕茶区）

原料："小至中开面"采对夹二三叶。

外形：挺直肥硕，鳝褐油润。

汤色：深黄明亮。

香气：浓郁花蜜香。

滋味：甘醇爽。

叶底：红边明。

4.冻顶乌龙（台湾茶区）

原料：采一芽二三叶和同等嫩度对夹二叶。

外形：条索紧结，卷曲成球，墨绿油润。

汤色：蜜黄透亮。

香气：清香持久。

滋味：浓醇甘爽。

叶底：红边明。

（四）黑茶类

湖南黑茶（一级）

原料：采摘一芽三四叶。

外形：条索紧卷圆直，色泽黑褐或乌润。

汤色：橙黄带红或褐红。

香气：醇厚，带松烟香。

滋味：浓厚微涩。

叶底：黄褐稍暗。

（五）黄茶类

1.君山银针

原料：一芽一叶初展，芽长 2.5 ～ 3.0 厘米。

外形：芽壮挺直，匀整露毫，黄绿色。

汤色：杏黄明亮。

香气：清香浓郁。

滋味：甘甜醇和。

叶底：黄亮匀齐。

2.皖西黄大茶

原料：一芽四五叶，叶大梗长。一般 5 月初（立夏前后）采长有四五张叶的新梢。

外形：叶肥梗壮，叶片成条，梗叶相连似鱼钩，金黄显褐油润。

汤色：深黄显褐。

香气：焦香（锅巴香）爽口。

滋味：浓厚醇和。

叶底：黄中显褐。

（六）白茶类

1.银针白毫（北路银针）

原料：采摘福鼎大白茶或福鼎大毫茶春茶一芽一叶，将芽剥离作原料。

外形：单芽肥壮匀整，挺直如针，色泽银白（灰）。

汤色：杏黄。

香气：毫香清爽。

滋味：鲜醇回甘。

叶底：肥嫩柔软光亮。

2.白牡丹

原料：以政和大白茶或福鼎大白茶春茶一芽二叶为原料，要求芽与二叶的长度基本相等。

外形：芽叶连枝，匀整，毫心多，叶张细嫩，毫心银白，叶面灰绿或翠绿色。

汤色：橙黄，清澈。

香气：毫香显，鲜嫩纯爽。

滋味：清甜醇爽，浓厚。

叶底：毫多，叶张软嫩，色黄绿，叶脉叶梗微红明亮。

五、茶叶审评的常用虚词

因审评术语不能量化，可用下列文字描述程度上的差异。

较　两者相比有一定差距。

尚　品质表现在某种程度上略有不足，但基本接近。

欠　品质表现在某种程度上不够要求，且差距较大。

显　表示某个方面特征明显。

较高　相对比较，品质水平较好或某项因子较高。

较低　相对比较，品质水平较差或某项因子较差。

稍高　相对比较，品质水平稍好或某项因子稍高。

稍低　相对比较，品质水平稍低或某项因子稍低。

六、评分系数

各个茶类的评分系数不相同。通用的系数（权重）见表11-15。

表 11-15　感官审评评分系数（GBT 23776—2018）

单位：%

茶类		外形	汤色	香气	滋味	叶底
	绿茶	25	10	25	30	10
	工夫红茶	25	10	25	30	10
	乌龙茶	20	5	30	35	10
黑茶	（散茶）	20	15	25	30	10
	紧压茶	20	10	30	35	5
	白茶	25	10	25	30	10
	黄茶	25	10	25	30	10

（续）

茶类	外形	汤色	香气	滋味	叶底
花茶	20	5	35	30	10
粉茶	10	20	35	35	0

评分计算方法：审评时每一审评因子按百分数打分，再将所得分与该因子的系数相乘，将五项因子的乘积值相加，即为审评总分。计算公式如下：

$$\sum X=A \times a+B \times b+C \times c+D \times d+E \times e$$

式中：$\sum X$——总分；

A——外形分；

a——外形评分系数（％）；

B——汤色评分；

b——汤色评分系数（％）；

C——香气评分；

c——香气评分系数（％）；

D——滋味评分；

d——滋味评分系数（％）；

E——叶底评分；

e——叶底评分系数（％）。

（参考：茶叶品质按优、中、次分为3档，分别以94、84、74为中准分，可以根据品质情况进行增减，幅度不超过4分。一般是：总分≥94分为特优，93～90分为优，89～86分为良，85～80分为中等，＜80分为差，有瑕疵。）

第二节 茶叶贮藏与包装

一、茶叶特性与贮藏的关系

成品茶是贮藏难度大、包装要求高的食品。如果贮藏包装不符合要求，很可能造成降低品饮价值，造成功亏一篑，这是茶叶的特性决定了贮藏要求。

1.吸湿性 干茶疏松多孔隙，茶叶本身又有很多亲水成分如果胶，具有很强的吸水性，如大宗绿茶在相对湿度90%情况下，放置2小时，茶叶水分由5.9%增加到8.2%。

2.吸附性 茶叶中含有棕榈酸和萜烯类物质，具有很强的吸附性，一旦异味被吸附，很难消除。

3.陈化性 茶叶中的茶多酚、酯类、叶绿素等物质在一定的水分、温度和氧气条件下会自动陈化。

（1）茶多酚。茶多酚中的儿茶素在湿热条件下会自动氧化(非酶促氧化)，聚合成各种有色物质，使绿茶色泽枯黄，汤色黄褐，香气滋味低沉。

（2）脂类。绿茶中含有油脂、糖脂、磷脂等，脂类物质是不稳定的化学成分，在高温、光照、氧气条件下，很易氧化分解，产生有陈味的醛、酮、醇等挥发性物质，使茶叶香味变质，产生哈喇味。类胡萝卜素氧化也会产生异味。

（3）叶绿素。绿茶干茶色泽呈绿色主要是叶绿素成分。在光和热的作用下叶绿素会分解，当脱镁叶绿素变化达到70%以上时，使翠绿色的叶绿素变成褐色的脱镁叶绿素，使绿色消失，茶叶成墨绿色或黄褐色，似陈茶色泽。

（4）氨基酸和可溶性糖。茶叶在贮藏过程中，氨基酸会和茶多酚、可溶性糖形成不溶性的聚合物，这些聚合物不溶于水，且呈黑褐色，使滋味下降，汤色变褐。

4.产生微生物 在高温和潮湿（茶叶含水率超过10%）情况下，茶叶中的霉菌、细菌、酵母极易繁殖，从而使茶叶霉变，失去饮用价值。

二、茶叶贮藏要求的环境条件

1.温度 是引起茶叶变质最直接的原因之一，通常温度每提高10℃，茶叶色泽褐变速度增加3～5倍。在5℃以下存放，可以较好地抑制褐变，在-18～-20℃下较长时间存放可以防止陈化。

2.水分 是引起茶叶变质的另一个直接原因，它参与或促进一系列内含物质的变化，并有利于微生物的繁殖，使茶叶霉变。除了茶叶本身含水率要在国家标准范围内，贮藏环境的相对湿度要在60%以下。

3.氧气 空气中含有80%的氮气和20%的氧气。空气中的氧是分子态氧，它能将茶叶中的各类化合物如儿茶素、维生素、脂类、茶黄素、茶红素等缓慢氧化，产生褐变和陈味，所以贮藏茶叶最好在缺氧条件下。

4.光照　光本身具有能量，会提高环境温度，同时它能促进脂类物质和色素氧化，尤其是叶绿素的氧化，使茶叶褐变陈化，所以贮藏环境要尽量避光。

5.异杂味　茶叶吸附性极强，贮藏环境必须清洁、无异杂味、空气流通。贮藏室必须独立使用。

三、茶叶贮藏的方法

针对茶叶特性，茶叶要在干燥、低温、缺氧和避光条件下贮藏。常用的方法有：

1.冰箱（冰柜）冷藏法　茶馆、茶楼 、茶店、家庭均可用。茶叶包装要密封，冰箱(冰柜)要没有异味，不能同时放置其他物品。存放时间较短的可放在冷藏室，温度在 $0 \sim 5℃$，较长的可放在冷冻室。茶叶从冷冻室取出时，先从冷藏室过渡一下，这样避免因温差大，茶叶表面凝结水汽，影响品质。

2.陶瓷瓦坛收灰法　瓦坛底放生石灰，上放纸包茶叶（去掉外包装，不可用塑料袋。茶叶含水率在6%以下）。瓦坛搁置于低温干燥处，石灰隔几月换一次，一般能保存半年到一年，是龙井茶区最常用的贮藏法。

非饮用的少量茶样可用硅胶保存。硅胶是一种吸湿性很强的干燥剂，放于容器底部，上层放茶叶。当硅胶吸水后由蓝色变红色就需复烘，这样可反复使用。

3.抽气充氮法　将茶叶放在多层复合袋中抽去袋中空气，充入氮气。保鲜效果很好。但常温如果超过30℃，仍会引起茶叶褐变。

4.除氧剂贮藏法　以铁粉、抗坏血酸或邻苯二酚作除氧剂，使贮藏容器内的氧含量低至0.01%以下，能有效地保持茶叶品质。宜用铝塑复合袋或聚乙烯复合袋与除氧剂一起封存。

5.低温冷藏法　大容量的可用专用茶叶保鲜库，一般有 $10 \sim 100$ 米^3，库房温度在-18 ～ 2℃，相对湿度在60%以下。只要采用密封性好的包装材料，在-5℃以下贮藏8 ～ 12个月，在-10℃以下贮藏2年左右，品质基本不变。

四、茶叶包装

适宜用作茶叶包装的主要材料有纸板、聚乙烯薄膜、铝箔复合膜、马口铁听、白板纸、牛皮纸、内衬纸等。以铝塑膜（PET/AL/PE）和镀铝复合膜（VMCPP/PE）等对气体的阻隔性最好，宜用作内层包装材料。一般要在外面再加一层高分子材料进行复合包装。

不得使用聚氯乙烯（PVC）、膨化聚苯乙烯（CFC）等材料直接包装茶叶。

国家强制性标准GB 23350—2009规定，包装成本总和不得超过茶叶价格的20%，茶叶的包装空隙≤45%。

五、科学饮茶

（1）尽量饮用春茶，不仅品质优，而且没有或很少有农药残留。

（2）对有可能重金属超标的茶叶，用较低水温冲泡，防止重金属析出。不要吃茶渣，因大部分重金属都在叶底中。

（3）用沸水洗茶，可减少茶叶表面的灰尘和农药。

（4）冲泡次数不宜多，一般茶经过3次冲泡后，约90%的可溶性成分都已进入茶汤，再多次冲泡，会将重金属和难溶的农药析出，饮后对身体不利。

参考文献

陈宗懋，杨亚军，2011.中国茶经.上海：上海文化出版社.

龚云明，1984.连云港市茶树严重冻害与气候指标的初步探讨.中国茶叶（1）：30–31.

郭见早，费萍丽，段家祥，2004.构建山东茶区生态旅游茶园的探讨.中国茶叶（2）：30–31.

郭见早，张传华，丁明来，2013.多茶类组合生产及提质增效技术.中国茶叶（2）：25–26.

江用文，2011.中国茶产品加工.上海：上海科学技术出版社.

阚君杰，丁仕波，王鲲鹏，2015.山东茶树冻害预防技术措施.中国茶叶（5）：28–29.

权启爱，2020.中国茶叶机械化技术与装备.北京：中国农业出版社.

全国茶叶区划研究协作组，1982.茶叶区划研究.

王延刚，郭见早，2003.加强茶园越冬管理提高春茶效益.中国茶叶（6）：35.

王镇恒，王广智，2000.中国名茶志.北京：中国农业出版社.

肖强，2013.茶树病虫害诊断及防治.北京：金盾出版社.

杨天资，陈庆道，2006.北方茶园的主要病虫害及其防治.中国茶叶（6）：21–22.

杨亚军，2005.中国茶树栽培学.上海：上海科技出版社.

俞永明，许允文，吴洵，等，1990.茶树高产优质栽培新技术.北京：金盾出版社.

虞富莲，2016.中国古茶树.昆明：云南科技出版社.

袁洪刚，2017.茶树生态高效栽培技术.青岛：青岛出版社.

张续周，周艳华，2020.茶树新品种北茶36选育报告.中国茶叶（2）：32–34.

浙江省农业技术推广中心，2008.茶叶标准化生产技术.杭州：浙江科学技术出版社.

中国茶树品种志编写委员会，2001.中国茶树品种志.上海：上海科学技术出版社.

中国农业科学院茶叶研究所，1968.山东省茶树引种试种工作情况和我们的看法.

朱秀红，马品印，王军，2008.日照地区茶树冻害气候原因分析.中国茶叶（2）：28–29.

朱秀红，袁洪刚，郑海涛，2012.近45年山东茶树冻害气候原因分析.中国茶叶（3）：11–12.

附　录

附 1：茶厂和茶机配套设置例

日照御海湾茶博园茶厂茶机配套设置

茶机名称	型号	1 台机械占地面积（米²）	台数	台时产量（千克）
滚筒杀青机	6CDLS-50	1.76	1	30
	6CST-70	2.64	1	50
揉捻机	6CR-40	1.34	3	30
卷曲形茶成形机	6CCP-60 型瓶式炒干机	1.08	1	30
	6CCGQ-50 型双锅曲毫机	1.44	1	10
	6CB-180 型碧螺春成型机	1.21	1	15
	6CLZ60-11 型理条机	1.35	4	10
解块机	6CJW-40	0.3	1	80
干燥机	6CH-1 型单斗式烘干机	0.55	4	2
	6CH941-11 型多斗式烘干机	0.95	1	5
提香机	6CHX-70	1.2	1	5
萎凋槽（包括贮青槽）	自制	长 × 宽 3.05 米 × 1.56 米	2	40
红茶发酵柜	YX-6CFJ-5B	0.87	1	30
茶厂面积（米²）	550	年干茶产量（千克）		1 000（高档茶）
收青间（兼萎凋间）面积（米²）				120

228

（续）

茶机名称	型号	1台机械占地面积（米²）	台数	台时产量（千克）
厂房排列形式	一字形	=字形 √	工字形	Π字形	其他形式
建厂年代	2010 年			

日照百满茶业公司茶厂茶机配套设置

茶机名称	型号	1台机械实际占地面积（米²）	台数	台时产量（千克）
滚筒杀青机	6CST-50	2	1	65
	6CST-100	7.2	1	100
平锅炒茶机（炒扁形茶用）	6CCB-1	3.5	2	30
揉捻机	6CR-40S	1.34	2	30
	6CR-55S	3	2	50
	YX-6CHZ-10B	3	2	100
卷曲形茶成形（做形）机	6CCP-120 型瓶式炒干机	6	1	60
	6CCGQ-50 型双锅曲毫机	1.5	2	10
扁形茶成形（做形）机	6CCB-891ZD 型名优茶多用机	2	1	20
	6CLZ60-11 型理条机	1.35	2	10
	YJ6CC-1 型扁形茶炒制机	3.5	1	26
干燥机	6CMH-901 型单斗式烘干机	1.5	3	10
	6CHZ-10 型连续烘干机	10.7	3	100
提香机	6CTH	1.3	1	25
红茶发酵柜	YX-6CFJ-5B	0.87	1	30
萎凋槽	6CWCD-2	10	1	150
茶厂面积（米²）	450	年干茶产量（千克）		10 000
收青间面积（米²）	75			

（续）

茶机名称	型号	1 台机械实际占地面积（米²）	台数	台时产量（千克）
萎凋间面积（包括贮青间）（米²）	90			
厂房排列形式	一字形	＝字形	工字形	Ⅱ字形√	其他形式
建厂年代	2005 年			

附2：中国农业科学院茶叶研究所与"南茶北引"

中国著名气象学家、地理学家、教育家竺可桢在"中国近五千年来气候变迁之初步研究"（竺可桢，1965）中说："五千年前，山东的黄河流域生长毛竹，这一带是亚热带气候。"同为喜温喜湿的茶树很可能与竹子一起生长，给齐鲁大地四季披上绿色的盛装。在沂蒙山区至今还有着"茶园""茶山"的村落，这也许是古代种茶的遗存。随着气候的变化，冬季的寒冷和干旱胁迫着茶树退出山东，所以，学者把中国茶树生长的北限定为秦岭淮河一线。

山东不产茶，但是茶叶消费大省，喝茶嗜茶之风在全国各省中最为盛行。在沂蒙山区有"宁丢老黄牛，不下热炕头"的说法，即当地老农晨间有先在炕上喝够了黄大茶，再去放牛的习惯，没有过足茶瘾，即使牛跑了，也不会去找。据说20世纪50～60年代，老人没有茶喝，要到医院开处方才能购买。我们在蒙阴县垛庄叶家沟亲眼看到，老农将冻枯的茶树老叶煨了泡水喝。足见茶在人民生活中的重要性，所以虽然山东每年要从南方调入十八九万担茶叶，但仍供不应求。为了缓解供需矛盾，根据山东半岛多山和滨海的条件，省里决定在东南沿海试种茶树。那么山东能种茶吗？

1953年解放军复员军人从南方带回茶籽，播种在汶上县徂徕山（今属泰安市高新区）背风向阳处，长成了茶树。1968年我所吴洵（栽培室）等作了实地调查，并拍摄了照片。表明，只要选择有利的地形和土壤，茶树是可以生长的。

1959年，省商业、农林、供销等部门从浙江调入茶籽分别在临沂地区的日照县大沙洼林场、平邑县万寿宫林场、沂水县上峪大队、沂源县坡丘大队和青岛市中山公园等地试种。因缺乏技术，大部分茶苗受冻死亡，惟青岛崂山林场第一任场长于春彦在青岛中山公园和太清宫（下宫）播种的茶籽，有部分破土出苗，活了下来（目前是山东最早的茶园）。1961年，日照县试种0.56亩，因茶苗未能安全越冬，没有成活。

1965年，时任山东省委书记的谭启龙要求继续进行试种，尽量解决山东种茶问题。同年，省政府决定由省商业厅承担种茶任务。商业厅遵循"发展生产，保证供给"的方针，出人出资进行试种，并在下属的省烟酒糖茶公司成立了种茶组，各地(市)、县商业局也相继成立种茶组，负责试种任务。省烟酒糖茶公司的吕新和济南茶厂的陈德熙作为首个联络和专业技术人员承担具体工作。1965—1967年先后从浙江、福建、湖南、安徽等地调入茶籽，在日照、青岛、临沂、泰安等26个市县试种1 950亩。除了青岛、日照、胶南、莒南等几个滨海的县市外，内陆的县很少成活。1966年，日照县在安东卫北山（现日照市岚山区安东卫街道北门外村）和丝山双庙（现日照市东港区秦楼街道双庙村）试种的8.7亩，由于土壤选择、护苗管理、越冬等缺乏技术措施，茶苗成活率只有45%左右。1967年在日照西赵庄、上李家庄等播种的茶苗长势比较好。这表明，山东局部地方是可以种茶的，这让"南茶北引"看到了希望。

为了尽快解决山东种茶的技术难点，省商业厅专程赴京请求中国农业科学院给予帮助，院里要求茶叶所派员参加。所里即于1967年8月首次派段敬堂（栽培室）配合省种茶组进行早期试种情况的调查。1968年所里又派了段敬堂、吴询、殷坤山（植保室）三人进行调查和技术指导。他们遍及青岛、日照、莒南、莒县、临沂、胶南、五莲、蒙阴、泰安以及胶东半岛的山岭沟壑，一是调查试种情况，总结成功经验和失败原因，培训种茶技术人员；二是协助地方选择适宜种茶的地块。原来山东用来种茶的山地成土母岩比较复杂，以花岗岩、片麻岩和正长岩等酸性基岩风化的土壤可以种茶，石灰岩（当地称青石山）风化的土壤都是碱性（北方淋溶作用很弱），不适合种茶，而这些山岭又是互相交错的，往往这个山土壤是酸性的，邻近山土壤是碱性的，如著名的孟良崮一带是花岗岩，可以种茶（山脚下有茶园），相隔不到20公里的坦埠（孟良崮战役陈毅指挥所所在地）一带的石灰岩，不能种茶。所以当地准备用作种茶的土壤酸碱性都必须加以鉴定，以少走弯路。可以说，这一时期他们三人的工作，为以后的选地种茶积累了经验，为科学规划找到了依据。这是我所对山东种茶作出的重要贡献。

通过前几年的试种，最后选择在气候条件较好的黄海之滨青岛市、日照县、莒南县、莒县、胶南县、五莲县以及胶东半岛的荣成县、乳山县和文登县等作为重点种植区。并将日照县城关镇的上李家庄、厉家顶子，巨峰公社的西赵庄、后黄埠、薄家口子，青岛的崂山，胶南县的海青公社后河西等地作为主要示范基地。在试种过程中，我所科技人员、省县种茶组、社员三结合，通过点面调查，反复实践，摸索出了一套保苗、越冬技术，由于管理精细，措施得当，茶树终于在齐鲁大地上扎下了根，1970年日照采摘了有史以来的第一批绿茶，经我所制茶室审评，认为"叶片肥厚耐冲泡，内质很好，滋味浓，香气高，近似屯绿、婺绿"。"日照茶"得到好评，进一步鼓舞了领导和群众的种茶积极性，种植面积逐年扩大。

　　1971年春，由省种茶组吕新带领全省重点种茶大队三十多名技术人员来所学习采茶和炒茶（龙井茶）技术，试验场的翁忠良、杜庆诗等手把手教，这批人员后来都成了技术骨干，像崂山林场的逢明彩炒得一手"崂山龙井"。临走时每位学员还带走一只龙井茶采茶篮，因山东不长竹子，只能用柳条筐装鲜叶。

　　1971年，夏春华（生理生化室）、翁忠良帮助西赵庄建立了山东省第一个村级茶叶初制厂——"九一六联合初制茶厂"。夏春华设计厂房、张罗茶机，翁忠良亲自垒石盖房的做法，至今还是美谈。

　　正因为山东人民喜茶爱茶，他们把茶园当作花园来呵护，做到茶园寸草不长，有的老农把茶叶戏称为"茶爷"，意即要像爷爷那样伺候。可以毫不夸张地说，全国没有哪一个省的茶园像山东管理得这样精细，所以只要没有冻害，每年都是高产。然而，冻害是无情的，"每年一小冻，四年一大冻"似乎成了规律。1971年冬又遇到了特大冻害。1972年春，所里派我（育种室）、段敬堂、姚笃恭（制茶室）前往调查冻害情况和越冬措施的效果。表明，山东茶树冻害成因十分复杂，主因是低温伴随干冷风，从冻害症状看，叶片呈赤枯的多半是低温造成，青枯的是低温加干冷风所致，后者比前者更为严重，往往全株树死亡。所以越冬措施中除了打风障外，必须浇灌越冬水，以后这成了防冻的常态化措施。

　　是年5月，临沂地区在日照办了有近百人的采茶制茶培训班，由我们三人现场讲解。这一次的培训为普及茶叶知识、提高采制水平起到了重要作用。

　　1973—1974年我和葛铁钧（栽培室）受所委派再赴山东，除了跑面调查搞技术培训外，主要在日照的上李家庄和西赵庄蹲点，环绕茶树冻害成因和防御方法进行观察试验。我们从县招待所借了被褥，住在上李家庄技术员刘维林家。用全国粮票（在杭州先用浙江粮票换成全国粮票）从粮站买的大米用来熬粥，啃着地瓜（番薯）煎饼，就着大葱吃，高兴时与大队种茶组几个年轻人喝几口地瓜烧（番薯酿造，易醉伤头），还别有一番滋味。现在汽车满街跑，停车难成了老大难，可六七十年代，小汽车是稀罕之物，日照县委书记牟步善（已九十多高龄，2015年在日照我们还促膝交谈）与县长付成玺才共用一辆北京吉普车。1972年2月进行冻害调查用的是县人民医院的救护车，有时用的是战争年代留下的美国军用吉普。日照、莒南等县城满眼都是小毛驴车，小毛驴的嗥叫声此起彼伏。所以平时我们到上李家庄、西赵庄都是骑的"大金鹿"（青岛产自行车），虽然人较累，但灵活自由。

为了了解冻害与气象的关系，我与县种茶组田存芳从县气象站（在石臼所，现是日照世帆赛基地）借来了气象观察仪，在上李家庄建起了简易气象哨，在最冷月的一二月，每天分四个时段观察温度。考虑到午夜和凌晨的御寒防冻，县商业局特批为我和葛铁钧各做了一件棉大衣（七十年代做棉衣需要布票、棉花票）。即便如此，依旧难挡夜间凛冽的寒风。通过测定，掌握了温度状况，以凌晨4点降到最低值，蓬面温度一般在零下四五度，叶片冻得硬脆。如果有雪层覆盖，温度在零度左右，这就是为什么下雪茶树不易冻害的原因。可是，山东种茶的地方很少下雪。1974年人民画报社来日照拍摄"南茶北引"，等了十多天才拍到茶园雪景的画面。此外，用手持风速仪测定了防风林不同距离的风速，表明防风林的防寒效果非常明显，越靠近林带的风越小，冻害越轻（有的几乎没有冻害），通常防风林的有效距离是树高的3～4倍。所以以后凡是新建茶园都强调必须同时建防风林（以针叶林的松柏树为主），它可谓是一劳永逸的工程。观察还发现，凡是地上部冻伤的茶树，土层都比较浅，地下部30厘米范围内的根系大多干瘪，这是第二年春茶迟迟不能发芽的原因，所以选择深土层种茶是重要的基础。另外施基肥试验表明，施肥早晚对茶树的抗寒力也大有关系，早施肥可使根系在越冬前得到恢复，有利于越冬，一般以"白露"到"秋分"间进行，最迟不晚于9月下旬。从面上调查还发现，各省引进品种的抗寒性有很大差别，湖南、福建的品种抗性弱，浙江品种次之，安徽歙县、黄山品种长势旺，最抗冻，所以将安徽黄山种作为主要引进品种。每年秋风起，种茶组就抽调人员赴皖南采购茶籽。现在山东茶香高味浓，很可能是黄山种的遗传性所致。

通过多年多地的调查总结和试验观察，我们总结出了一套行之有效的目前还在用的种茶和越冬技术，这就是：选用抗寒的黄山种；新建茶园选择背风向阳土层深厚酸性土壤地块，种植防风林带；越冬防冻措施是，堆土保墒（幼苗），培植矮蓬，早施基肥，浇越冬水，早封园（9月下旬后不采茶），用玉米或稻草苫子打风障等。这样做基本上达到了"安全越冬保产量"的要求。不过，如遇到特大冻害，这些技术措施还是显得作用有限，这也是至今山东茶园冻害无法根本解决的主要原因。

1974年日照县从安徽歙县引进了珠兰花，并雇请了一位花农管理。当年用日照茶熏制的珠兰花茶（日照人喜爱珠兰花茶），当地人交口称赞："既有香头，又有煞头（味浓）。"

1975年5月初，我与县种茶组田存芳在上李家庄的北大鞍1967年种的杭州龙井种茶园采摘了一批芽叶。那时还没有专用炒茶锅，用的是当地做饭的锅，锅底很粗糙。采来的茶叶分别按碧螺春和龙井茶工艺加工。在工场（还没有建专用茶厂）有两位木匠边干活边看我炒茶，问做什么茶？我随口回答"碧螺春"，木匠没听懂，误听成"萝卜青"，但就这么一个"萝卜青"，让我一下子来了灵感，遂将炒的茶取名叫"雪青"，同时按龙井茶做的扁形茶取名叫"冰绿"。雪和冰表示北方，寓意寒冷地方产的茶。当时的日照县多种经营办公室主任范东晨喝了"雪青"，赞不绝口，说还是过去在南方喝到过这样的好茶，且比南方茶"煞口"。县里随即在上李家庄进行了技术培训，由于领导重视，学员积极性高，"雪青"很快在全县推广。从此，山东有了有史以来的第一个名茶。现在的"雪青"已跻身于全国名茶行列。这是我所为山东种茶的又一贡献。

是年，我所派方兴汉、田洁华（生理生化室）调查山东茶园生态情况，进一步强调了种植防风林的重要性。

1975年，省商业厅投资50余万元在日照十里堡建精制茶厂，标志着山东种茶由小范围试种，步入了规模化生产。

1973年10月，我所与山东省商业厅在日照召开了山东、西藏、新疆、陕西、河北、辽宁6省区的"南茶北引西迁"经验交流会，与会者认为山东省"南茶北引"是成功的。1974年4月在北京召开的全国茶叶生产会议上，时任日照县副县长的郑培成作了发言。这些都是对山东种茶的肯定，标志着山东正式列为全国产茶省之一。

此后1976—1978年我每年来山东。1977年遭受有史以来的最大冻害，我陪李联标先生（栽培室）调查茶树冻害情况，并写了"山东茶树冻害成因分析"。1981年，翁忠良等应邀来日照制花茶。

改革开放后，山东茶叶生产由农业部门管理。1980—1990年，茶叶的高收入使一些地方不顾条件，盲目提出"千亩茶园一条线，万亩茶园连成片"，由于管理和冻害等原因，致使连遭挫折，全省面积减到7万亩左右。在巩固调整的基础上，1991年后才逐步趋于正常，面积扩大，产量增加，效益显著。到2017年，全省有茶园44.2万亩，产干茶2.5万吨；日照市有茶园26.5万亩，产干茶1.5万吨，亩产值达1万元左右。在主产区茶叶已成为农村的支柱产业和农民的主要收入。

时光荏苒，四十多年过去了，忆往事，历历在目。我忘却不了种茶组人员对"南茶北引"的挚爱，没有他们的坚定执着，砥砺自行，"南茶北引"很有可能半途而废；我更怀念并肩奔走在茶园、茶厂的李纬功、李常功、金学林、刘为彬、刘为茂、薄守勉、薄子木等一批队干部和老农，是他们付出的无数艰辛才克服了种茶途中的一个个困难。1974年冬遇到一次大冻害，许多干部和社员望着冻枯的茶树束手无策。1975年春我们陪同刘家坤所长到日照岚山公社北门大队调查冻害情况，大队王书记望着冻害的茶树，在社员的埋怨声中流下了眼泪。但他们没有灰心丧气，更没有躺倒不干，而是采取综合措施，加强管理，使茶树很快恢复生机。我深深地感到，没有他们就没有山东茶，他们是"南茶北引"的功臣。现在他们中的多数人已作古，健在的也已是耄耋之年了。他们憨厚默默无闻的奉献精神使我终生难忘。

1967—1981年，我所先后有领导、科技人员、工人等11批20多人次参加到"南茶北引"的工程中，有的是蹲点试验、有的是搞技术培训、有的是调查取样、有的是参加会议。可以说，没有各级党委的领导和政府的支持，没有茶叶研究所的参与，山东"南茶北引"不会那么快成功。我所的贡献将永载山东种茶的史册。

仅作小诗一首，聊作结尾：

几度朔风草舍寒，为有今日纷争妍。

黄海之滨弥茶香，山东绿茶满庭芳。

一壶斟就春溢身，忘却龙井碧螺春。

吾辈只为茶而来，有道茶人似痴人。

虞富莲

2018/6/19

（本文来源于中国农业科学院茶叶研究所建所六十周年《我与茶叶研究所征文选集》）

附：中国农业科学院茶叶研究所参加山东"南茶北引"主要人员（以参加时间先后为序）：段敬堂、吴洵、殷坤山、夏春华、翁忠良、虞富莲、葛铁钧、方兴汉（参加会议和一般调查的未计入）。

附3：1965—1980年山东"南茶北引"省、地、县种茶组成员和部分社队茶叶技术员

山东省商业厅糖业烟酒公司：王岳发、王林贤、黄继仁、连玉成、杨丕源、宁端、吕新。

济南茶厂：陈德熙。

临沂地区糖业烟酒公司：郭永田、齐以怀。

临沂地区林业局：夏建立、任介民。

日照县商业局：袁兆仲、魏延著。

日照县副食品公司：刘清斋、厉福弟、田存芳、赵洪春、郑培太、甄相章、宫秀吉。

日照县城关上李家庄：李纬功、李常功、刘维林、李宜凤；厉家顶子村：厉福若。

日照县巨峰公社西赵庄：金学林、刘为斌；薄家口：薄守勉、薄子宝、薄子木；后皇埠：刘为茂、刘家民。

莒南县副食品公司：朱宝书。

莒县林业局：季玉璧。

蒙阴县商业局：黄传贵。

蒙阴县副食品公司：郑悦来、张枚举。

青岛市糖业烟酒公司：王文林、张麟亭、李立园。

青岛崂山林场：于春彦、刘印官、逢明彩（女）。

青岛中山公园：王均民。

潍坊地区糖业烟酒公司：王文华。

胶南县副食品公司：薛连东。

胶南县海青公社后河西大队：董成友。

五莲县副食品公司：李学来。

五莲县叩官公社南回头：徐经表。

烟台地区糖业烟酒公司：于旭生、王仁山。

荣成县副食品公司：林均珉。

荣成县黄山公社庵里大队：宋存贤。

乳山县副食品公司：韩文林。

文登县副食品公司：丛献珠。

泰安地区糖业烟酒公司：明涛。

泰安县农林业局：孔玲盈（女）。